ONE Q PASS

가스 실기 기능사

원큐패스! 한번에 합격하기

강병남 저

다락원

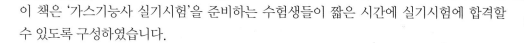
머리말

이 책은 '가스기능사 실기시험'을 준비하는 수험생들이 짧은 시간에 실기시험에 합격할
수 있도록 구성하였습니다.

1. 기출에서 반복된다!
과거에 출제된 문제와 현재 출제기준을 반영하여 꼭 필요한 핵심문제만을 정리하였습니다.

2. 동영상시험(작업형)을 실전처럼!
동영상 파트는 출제기준에 부합되는 법규별 다양한 시설물의 사진을 수록하여 합격의 확률을 높이도록 심혈을 기울였습니다.

3. 주관식시험(필답형)을 자신있게!
NCS(국가직무능력표준)에 근거, 가스분야에 출제될 수 있는 신경향 예상문제를 반영하였습니다.

4. 최신 기출문제 수록!
새 출제기준이 적용된 2021년 기출문제를 복원, 재구성하여 최신유형을 파악할 수 있도록 했습니다.

이해도 상승을 위하여 책의 문구 하나, 단어 하나에 세심한 열정을 기울였다고 생각하지만, 그래도 학습에 어려움이 있을 것이라 느낍니다.
본 수험서로 학습하다가 어려움에 봉착했을 때, 주저없이 원큐패스 카페로 문의주시면 성심성의껏 답변드릴 것을 약속합니다.

미래의 전망이 내우 밝은 가스분야의 이론 지식을 충분히 습득하고 사격증노 취득해서 가스산업의 역군으로 대한민국의 초석이 되어 나라의 발전에 일조하여 주시길 바랍니다.

이 책에 대한 문의사항은
원큐패스 카페(**http://cafe.naver.com/1qpass**)로 하시면 친절히 대답해 드립니다.

시험안내

직무내용

가스 제조·저장·충전·공급 및 사용 시설과 용기, 기구 등의 제조 및 수리시설을 시공, 조작, 검사하기 위한 기술적 사항의 관리, 생산 공정에서 가스 생산기계 및 장비를 운전하고 충전하기 위해 예방조치 등의 업무를 수행하는 직무이다.

수행준거

1. 가스제조에 대한 기초적인 지식 및 기능을 가지고 각종 가스 장치를 운용할 수 있다.
2. 가스설비, 운전, 저장 및 공급에 대한 취급과 가스장치의 유지관리를 할 수 있다.
3. 가스기기 및 설비에 대한 검사업무 및 가스안전관리 업무를 수행할 수 있다.

실기검정방법

복합형(필답형+작업형)

구분	시험시간	문제수	배점
필답형(주관식)	1시간	12문제	50점
작업형(동영상)	1시간	12문제	50점

시험일정

구분	실기원서접수	실기시험	합격자 발표
정기 1회	2.15~2.18	3.20~4.6	4.22
정기 2회	4.26~4.29	5.29~6.15	7.1
정기 3회	7.11~7.14	8.14~8.31	9.16
정기 4회	9.26~9.29	11.6~11.23	12.9

※자세한 시험 일정은 큐넷(http://www.q-net.or.kr/) 홈페이지 참조

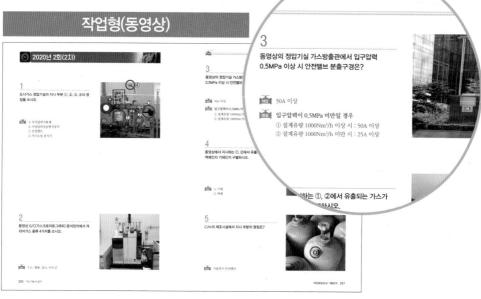

● 저자의 강의 경험을 바탕으로 반드시 기억해야 하는 내용만 담았다.
● 과년도 기출문제를 재구성한 총 60회의 기출문제를 통하여 출제경향을 파악하자!

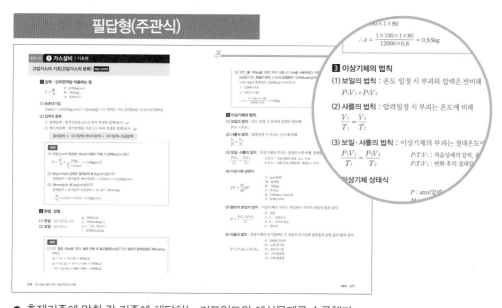

● 출제기준에 맞춰 각 기준에 해당하는 키포인트와 예상문제를 수록했다.
● 모의고사 5회분을 통해 시험직전 실력테스트를 하자!

차례

[작업형(동영상)]

핵심이론	고압가스	8
	LPG	11
	도시가스	15

| 꼭! 알아두기 | 간추린 동영상 핵심이론 | 23 |

| 기출문제 | 2013년~2020년 | 29 |

[필답형(주관식)]

| 핵심이론 | 가스설비 | 274 |
| | 가스시설 안전관리 | 344 |

| 모의고사 | 1~5회 | 369 |

[최근 기출문제]

2021년 1회	386
2021년 2회	393
2021년 3회	400
2021년 4회	407

작업형
(동영상)

핵심이론

1 고압가스 설비시공 수행준거

1 초저온용기 단열성능시험

(1) 시험용 가스(비등점)
① 액화질소(−196℃)
② 액화아르곤(−186℃)
③ 액화산소(−183℃)

(2) 단열성능시험 합격기준
① 내용적 1000L 이상 : 0.002kcal/h℃L 이하 침입 시 합격
② 내용적 1000L 미만 : 0.0005kcal/h℃L 이하 침입 시 합격

(3) 침입열량 계산공식

$$Q = \frac{W \cdot q}{H \cdot V \cdot \Delta t}$$

Q : 침입열량(kcal/h℃L)
W : 기화가스량(kg)
q : 기화잠열(kcal/kg)
H : 측정시간(hr)
Δt : 온도차(℃)
V : 내용적(L)

2 플레어스택·벤트스택

(1) 플레어스택
① 정의 : 가연성 가스를 폐기시 연소 후 방출시키는 탑
② 복사열 : 4000kcal/m²h

(2) 벤트스택
① 정의 : 가연성, 독성가스를 폐기시 방출시키는 탑
② 착지농도
  • 가연성 : 폭발하한계 미만의 값
  • 독성 : TLV-TWA 기준 농도 미만의 값
③ 방출구 위치(작업원이 정상 작업 시 필요한 장소 및 항상 통행하는 장소로부터)
  • 긴급용(공급설비) : 10m 이상
  • 그 밖 : 5m 이상

3 위험장소의 분류

(1) 0종 장소

상용의 상태에서 가연성 가스의 농도가 연속해서 폭발하한계 이상으로 되는 장소(폭발 상한계를 넘는 경우에는 폭발한계 내로 들어갈 우려가 있는 경우를 포함한다)를 말한다(0종 장소에서는 본질안전 방폭구조만을 사용하여야 한다).

(2) 1종 장소

상용상태에서 가연성 가스가 체류하여 위험하게 될 우려가 있는 장소, 정비보수 또는 누출 등으로 인하여 위험하게 될 우려가 있는 장소를 말한다.

(3) 2종 장소

① 밀폐된 용기 또는 설비 내에서 밀봉된 가연성 가스가 그 용기, 설비 등의 사고로 인해 파손되거나 오조작의 경우에만 누출할 위험이 있는 장소

② 확실한 기계적 환기 조치에 의하여 가연성 가스가 체류하지 않도록 되어 있으나 환기장치에 이상이나 사고가 발생한 경우에는 가연성 가스가 체류하여 위험하게 될 우려가 있는 장소

③ 1종 장소의 주변 또는 인접한 실내에서 위험한 농도의 가연성 가스가 종종 침입할 우려가 있는 장소

4 내진설계

	법규 구분		저장탱크 및 가스홀더
01	도시가스 사업법		3톤, 300m³ 이상
	• 액화도시(천연)가스 자동차충전시설 • 고정식 압축도시(천연)가스 충전시설 • 고정식 압축도시(천연)가스 이동식 충전차량의 충전시설 • 이동식 압축도시(천연)가스 자동차 충전시설		5톤, 500m³ 이상
02	액화석유가스의 안전관리 및 사업법		3톤
03	고압가스 안전관리법	독성 및 가연성	5톤, 500m³ 이상
		비독성 및 비가연성	10톤, 1000m³ 이상

• 압력용기(반응분리정제 증류 등을 행하는 탑류로서 동체부 길이 5m 이상인 것)의 지지 구조물 및 기초와 이의 연결부 등에 내진설계를 해야 한다.

5 안전장치의 종류

(1) 기체의 압력 상승을 방지하기 위한 경우
스프링식 안전밸브, 자동압력 제어장치

(2) 급격한 압력상승 우려가 있는 경우
파열판, 자동압력 제어장치

(3) 펌프나 배관에 있어서 액체의 압력 상승을 방지하기 위한 경우
릴리프밸브, 스프링식 안전밸브, 자동압력 제어장치

6 안전설비

(1) 내부반응 감시장치
온도감시장치, 압력감시장치, 유량감시장치, 가스의 밀도·조성 등의 감시장치

(2) 플레어스택 시설 중 역화 및 폭발을 방지하기 위하여 갖추어야 하는 시설
① Liquid seal
② Flame arresstor
③ Vapor seal
④ Purge gas(질소, 업[UP]가스 등)
⑤ Molecular seal

7 1종·2종 독성가스

(1) 제1종 독성가스
염소, 시안화수소, 이산화질소, 불소, 포스겐 등 그밖에 허용농도 1ppm 이하인 가스(TLV-TWA 농도 기준)

(2) 제2종 독성가스
염화수소, 삼불화붕소, 이산화유황, 불화수소, 브롬화메틸 및 황화수소 등 그밖에 1ppm 초과, 10ppm 이하인 가스(TLV-TWA 농도 기준)

2 LPG 설비시공 수행준거

1 LPG자동차 충전시설의 충전기 보호대설치 및 주·정차선 표시방법

(1) 보호대 규격

① 재질 : 철근콘크리트 강관제
② 높이 : 80cm 이상
③ 두께 : 철근콘크리트 12cm 이상, 강관제 100A 이상

(2) 보호대 설치방법

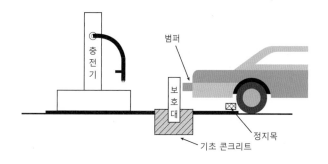

(3) 충전기와 주·정차선

1m 이상 이격

2 LPG 소형저장탱크에 의한 설치공급 사용기준

(1) 시설기준

① 지상식으로 설치
② 사업소의 경계는 바다·호수·하천·도로의 경우 토지 경계와 탱크 외면은 0.5m 이상의 안전공지 유지
③ 안전공지 유지가 어려울 때 방호벽 설치(방호벽의 높이 : 탱크 정상부에서 50cm 이상)
④ 안전밸브의 가스방출구 : 지면에서 2.5m 이상, 탱크 정상부에서 1m 중 높은 위치

(2) 설치기준

① 동일 장소 설치 시 : 설치수 6개 이하, 충전질량의 합계는 5000kg 미만
② 바닥에서 5cm 이상의 높이 콘크리트 바닥에 설치
③ 점검을 위하여 필요공간 확보
④ 충전질량 1000kg 이상은 높이 1m 이상 경계책을 만들고 출입구 설치

(3) 소화설비

① 충전질량 1000kg일 때 ABC용 분말소화기 B-12 이상 2개 이상 보유

② 소형저장탱크 부근에는 소화활동을 위한 통로 확보

(4) 소형저장탱크 보호대

① 설치높이 : 80cm 이상

② 재질 : 철근콘크리트 12cm 이상, 강관제 100A 이상

③ 말뚝형태인 경우 말뚝보호대 2대 이상 설치, 간격은 1.5m 이하로 한다.

3 충전시설 - 사업소 경계와의 거리

① 충전시설 중 충전설비와 사업소 경계와의 거리 : 24m 이상

② 충전시설 중 저장능력에 따른 저장설비와 사업소 경계와의 거리

저장능력	사업소와 경계거리
10톤 이하	24m 이상
10톤 초과 20톤 이하	27m 이상
20톤 초과 30톤 이하	30m 이상
30톤 초과 40톤 이하	33m 이상
40톤 초과 200톤 이하	36m 이상
200톤 초과	39m 이상

4 LPG의 마운드형 저장탱크의 설치기준

① 탱크외면 부식방지코팅

② 높이 1m 이상 기초 위에 설치

③ 모래기반 주위에 붕괴 위험을 방지하기 위하여 50cm 이상 철근콘크리트 옹벽설치

④ 저장탱크 주위 20cm 이상 모래로 덮은 후 1m 이상 흙으로 채움

⑤ 안전밸브는 저장탱크를 덮은 흙의 정상부에서 2m 높이에 가스방출관 설치

⑥ 가스누출검지기 : 바닥면 둘레 20m에 대하여 1개씩

5 액화석유가스 충전시설의 시설 기술기준

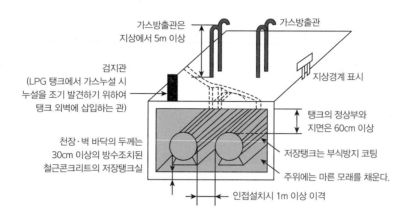

[LPG 지하탱크]

① 집수구 : 가로 30cm, 세로 30cm, 깊이 30cm 이상
② 집수관의 직경 : 80A 이상
③ 점검구, 검지관, 집수관은 지면에서 30cm 높게
④ 검지관의 직경 40A 이상, 4개소 이상 설치
⑤ 점검구는 저장능력 20t 이하 1개, 20t 초과 2개
⑥ 점검구의 위치 : 저장탱크 측면 상부 지상
⑦ 저장탱크실 상부 윗면은 주위 지면보다 최소 5cm 이상, 최대 30cm 이상 높게 설치하고 저장 탱크실 상부 윗면으로부터 저장탱크 상부까지 60cm 이상으로 한다(탱크 정상부와 지면까지 의 거리 : 60cm 이상).
⑧ LPG 소형저장탱크와 화기와의 이격거리 : 5m 이상

6 LPG저장탱크 침하상태 측정기준

① 침하상태 측정 : 1년 1회
② 벤치마크 : 사업소 면적 50만m²당 1개소 설치

7 LPG자동차 연료장치의 구조 등

① 액면 표시장치, 과충전 방지장치, 자동차용 긴급차단장치 : T_P 30MPa, A_P 1.8MPa
② 플로트 액면계 표시눈금 : 전용적의 85%

8 저장탱크의 물분무·살수장치의 구조

장치의 명칭 / 제원	살수장치	물분무장치 (탱크 상호거리가 1m 또는 최대직경 1/4 중 큰 쪽과 거리를 유지하지 못한 경우)
탱크 표면적 1m²당 분무량	5L/min (단, 준내화구조 : 2.5L/min)	8L/min (단, 준내화구조 : 6.5L/min, 내화구조 : 4L/min)
소화전 — 방사거리	탱크 외면에서 40m 이내 (어느 방향에서도 방사 가능)	탱크 외면에서 40m 이내 (어느 방향에서도 방사 가능)
소화전 — 호스끝 수압	0.25MPa	0.35MPa
소화전 — 방수능력	350L/min	400L/min
조작위치	탱크 외면 5m 이상 떨어진 위치	탱크 외면 15m 이상 떨어진 위치

3 도시가스 설비시공 수행준거

1 가스용 폴리에틸렌관

(1) 접합방법
① 관의 이물질 제거 후 접합
② 접합부에 접합전용 스크레이퍼로 다듬질
③ 금속관의 접합은 T/F(Transition Fitting)를 사용

(2) 압력범위에 따른 배관두께

SDR	압력
11 이하 (1호)	0.4MPa 이하
17 이하 (2호)	0.25MPa 이하
21 이하 (3호)	0.2MPa 이하

※여기서 SDR(Standard Dimension Ration) = D(외경)/T(최소두께)

(3) 설치기준
① 관의 시공은 매몰시공(금속관으로 보호조치를 한 경우 지면에서 30cm)
② 관의 굴곡 허용 반경은 외경의 20배 이상(20배 미만 시 엘보 사용)

2 폴리에틸렌관 융착이음

(1) 지면에서 30cm 이상 유지
방책 또는 가드레일 등의 방호조치

(2) 지상에 노출된 배관의 방호조치
① 맞대기융착(Butt fusion) : 공칭외경 90mm 이상의 직관과 이음관 연결에 적용

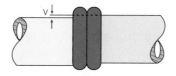

- 비드 좌우대칭, 둥글게, 균일하게 형성할 것
- 이음부 연결 오차(V)는 배관 두께의 10% 이하일 것
- 비드 표면은 매끄럽고 청결하게 할 것

② 소켓융착(Socket fusion)

- 용융된 비드는 접합부 전면에 고르게 형성되고 관 내부로 밀려나오지 않도록 할 것
- 배관 및 비드접합은 일직선을 유지할 것
- 비드 높이(h)는 이음관 높이(H) 이하일 것
- 융착작업은 홀더(Holder) 등을 사용하고 관의 용융 부위는 소켓 내부 경계턱까지 완전히 삽입되도록 할 것
- 시공이 불량한 융착이음부는 절단하여 제거하고 재시공할 것

③ 새들융착(Saddle fusion)

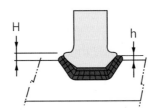

- 접합부의 전면에는 대칭형의 둥근형상 이중비드가 고르게 형성되어 있을 것
- 비드의 표면은 매끄럽고 청결할 것
- 접합된 새들의 중심선과 직각을 유지할 것
- 비드 높이(h)는 이음관 높이(H) 이하일 것

④ 그 밖의 사항은 제작자가 제시하는 융착기준(가열온도, 가열유지시간, 냉각시간 등)을 준수하여 실시한다.

3 폴리에틸렌관 전기융착이음

(1) 사용되는 관의 종류
전기융착 폴리에틸렌의 검사품 및 가스용 폴리에틸렌 이음관 제품

(2) 소켓융착
① 융착이음부는 배관과 일직선 유지
② 작업은 홀더 사용, 관의 용융부위는 소켓 내부 경계턱까지 완전히 삽입

(3) 새들융착 : 이음매 중심선과 배관중심선은 직각 유지

4 가스누출 자동차단장치

(1) 가스누출검지 경보장치의 설치수

① 건축물 내(압축기, 펌프, 반응설비, 저장탱크 등)에 설치 시 : 바닥면 둘레 10m마다 1개 이상

② 건축물 밖 설치 시 : 바닥면 둘레 20m마다 1개 이상

③ 특수반응설비 주위 : 바닥면 둘레 10m마다 1개 이상

④ 가열로 발화원이 있는 제조설비주위 : 바닥면 둘레 20m마다 1개 이상

⑤ 정압기실(지하 정압기실 포함) : 바닥면 둘레 20m마다 1개 이상

(2) 가스누출 자동차단장치 검지부 설치수

① 공기보다 가벼운 경우 : 연소기 버너 중심에서 수평거리 8m마다 1개 이상

② 공기보다 무거운 경우 : 연소기 버너 중심에서 수평거리 4m마다 1개 이상

(3) 가스누출 자동차단장치 3대 요소

검지부, 차단부, 제어부

5 정압기실의 가스누출검지 경보장치

① 가스누출을 검지하여 그 농도를 지시함과 동시에 경보가 울려야 한다.

② 경보농도 : 폭발하한의 1/4 이하에서 60초 이내 경보

③ 경보 후 가스농도가 변화하여도 계속 경보하고 확인대책 강구 후 경보 정지

④ 담배연기, 잡가스 등에는 경보가 울리지 않아야 한다.

6 정압기의 안전밸브 작동압력 및 분출압력

(1) 지하에 설치된 공기보다 비중이 가벼운 도시가스 공급 시설의 통풍구조

① 환기구 2방향 분산 설치

② 배기구는 천장면 30cm 이내 설치(공기보다 무거운 경우 바닥면 30cm 이내 설치)

③ 흡입구, 배기구 관경 100mm 이상

④ 배기가스방출구는 지면에서 3m 이상(공기보다 무거운 경우 지면에서 5m 이상)

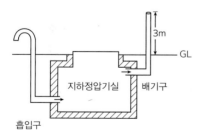

[공기보다 가벼운 경우]

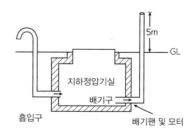

[공기보다 무거운 경우]

(2) 정압기에 설치되는 설비의 설정압력

구분		상용압력 2.5kPa	기타
주정압기의 긴급차단장치		3.6kPa	상용압력 1.2배 이하
예비정압기에 설치하는 긴급차단장치		4.4kPa	상용압력 1.5배 이하
안전밸브		4.0kPa	상용압력 1.4배 이하
이상압력통보설비	상한값	3.2kPa	상용압력 1.1배 이하
	하한값	1.2kPa	상용압력 0.7배 이상

(3) 안전밸브 분출부의 크기

① 정압기 입구측 압력이 0.5MPa 이상 : 50A 이상
② 정압기 입구측 압력이 0.5MPa 미만
  • 정압기 설계유량 1000Nm³/h 이상 : 50A 이상
  • 정압기 설계유량 1000Nm³/h 미만 : 25A 이상

(4) 지역정압기 이상압력 통보설비 및 2차 압력(상용압력)

① 이상압력 통보설비 : 정압기의 출구압력 이상 시 경보음(70dB 이상)으로 상황실에 알려주는 장치
② 상용압력 : 2.5kPa(정압기 출구측 작동압력인 경우) 또는 정압기의 최대출구압력

7 정압기실 정압기 필터 분해점검주기 및 작동상황 점검주기

정압기 종류 ＼ 시설구분	공급시설	사용시설
주정압기	2년 1회 이상 (단, 예비정압기는 3년 1회 이상)	3년 1회 그 이후는 4년 1회
필터	공급개시 처음 시작 후는 1월 이내 그 이후는 1년 1회	공급개시 처음 시작 후는 1월 이내 그 이후는 3년 1회, 3년 1회 이후는 4년 1회
정압기실 작동상황 및 가스누출경보장치	1주일 1회 이상 점검	

8 압력조정기 점검기준

(1) 도시가스 공급시설에 설치된 압력조정기 : 6월 1회(필터 스트레이너 청소 2년 1회)

(2) 도시가스 사용시설에 설치된 압력조정기 : 1년 1회(필터 스트레이너 청소 3년 1회)

(3) 공동주택에 공급되는 압력조정기 설치 시 세대수 기준

① 가스압력 중압 이상 : 전체세대수 150세대 미만인 경우
② 가스압력 저압 : 전체세대수 250세대 미만인 경우

9 **가스배관 매설위치 확인**

① 지하매설배관 탐지(Pipe locator) 등으로 확인된 지점 중 확인이 곤란한 분기점 곡선부 장애물 우회지점 : 시험굴착

② 배관주위 1m 이내 : 인력굴착

10 **노출배관 안전조치**

(1) 노출된 가스배관 길이 15m 이상인 경우 점검통로 조명시설 설치기준

① 통로폭 : 80cm 이상

② 가드레일 : 90cm 이상

③ 점검통로 : 배관과 수평거리 1m 이내

④ 통로의 조명도 : 70Lux

(2) 노출된 가스배관 길이 20m 이상인 경우 가스경보기 설치기준

20m마다 가스누출 경보기 설치

(3) 도시가스 배관의 표지판

법규＼구분	제조소 및 공급소의 배관시설	제조소 및 공급소 밖의 배관시설
가스도매사업	500m	500m
일반도시가스사업	500m	200m
고압가스 안전관리법	지상배관 1000m, 지하배관 500m	

① 표지판 규격 : 가로×세로(200×150)mm

② 지면에서 표지판 하단부 : 700mm

11 **배관의 지상설치**

(1) 지면에서 30cm 이상 유지 : 방책 또는 가드레일 등의 방호조치

(2) 지상에 노출된 배관의 방호조치

① ㄷ자 형태로 가공한 방호철판에 의한 방호구조물의 기준

• 방호철판 두께 4mm 이상 및 부식방지조치(KSD 3503)

• 야간식별 가능조치(야광테이프, 야광페인트)

• 방호철판 크기 1m 이상

② 파이프를 ㄷ자 형태로 가공한 강관제 구조물에 의한 방호구조물의 기준

• 방호파이프는 50A 이상(KSD 3507), 부식방지조치

• 야간식별 가능조치(야광테이프 및 야광페인트)

③ ㄷ자 형태의 철근콘크리트제 방호구조물의 기준
- 철근콘크리트제는 두께 10cm 이상 높이 1m 이상
- 야간식별 가능조치(야광테이프 및 야광페인트)

12 배관의 지하매설

(1) 철도횡단부 지하
1.2m 이상의 깊이에 매설

(2) 연약지반
기초를 단단히 다질 것

(3) 배관설치 시 다짐공정 및 방법
① 기초재료와 침상재료를 포설한 후 되메움재를 포설하여
   되메움 공정에서는 30cm 높이마다 다짐작업을 실시한다.
② 다짐기계(콤팩터)를 사용한다.
   (단, 폭 4m 이하는 인력으로 다짐가능)

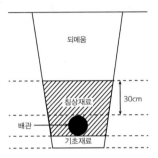

13 교량 등에 설치하는 배관의 설치 고정지지방법

① 온도변화, 하중 등을 고려하여 설치
② 배관의 접합은 용접
③ 지지대, U볼트 등의 고정장치와 배관 사이의 절연물질(고무판 플라스틱) 삽입 또는 PVC 피복 방식테이프 피복

[호칭지름에 따른 배관의 지지간격]

호칭지름(A)	지지간격(m)
100	8
150	10
200	12
300	16
400	19
500	22
600	25

14 배관의 신축흡수

신축에 의한 파손 우려가 있는 곳은 Bent pipe(곡관)를 사용한다.
※ 2MPa 이하 배관으로 곡관 사용이 곤란할 때 벨로즈, 슬라이드 신축이음을 사용할 수 있다.

15 배관의 기밀시험

[사용시설 배관 내용적에 따른 기밀시험시간]

내용적	기밀시험시간
10L 이하	5분
10L 초과 50L 이하	10분
50L 초과	24분

16 전기방식

(1) 정의

지하매설배관에 전류를 유입시켜 양극반응을 저지함으로써 배관의 전기적 부식을 방지하는 방법

(2) 종류

① 희생(유전)양극법 : 양극금속과 매설배관 사이의 전지작용으로 전기적 부식을 방지하는 방법
② 외부전원법 : 외부의 방식정류기를 이용, 한전의 교류전원을 직류로 변경하여, 양극(+)은 토양 수중에 설치한 외부전원용 전극에 접속, 음극(-)은 매설배관에 접속, 전기적 부식을 방지하는 방법
③ 배류법 : 매설배관 전위가 주위 타금속 전위보다 높은 장소에서 매설배관과 타금속 구조물을 전기적으로 접속, 매설배관에 유입된 누출전류는 복귀하여 전기적 부식을 방지하고, 주로 지하 전철의 전기를 이용하며 누출전류의 복귀에 의한 강제배류법, 선택배류법이 있다.

17 전기방식시설 유지관리

① 관대지전위 : 1년 1회 점검
② 외부전원점, 배류점의 관대지전위 정류기, 배류기의 출력전압 전류배선접속기 계기류 : 3개월 1회 이상 점검
③ 절연부속품 역전류방지장치 결선보호 절연체 효과 : 6개월 1회 이상 점검

18 전기방식의 선택

① 직류전철 등에 의한 누출전류의 우려가 없는 경우 : 외부전원법, 희생양극법
② 직류전철 등에 의한 누출전류의 우려가 있는 경우 : 배류법(단, 방식효과가 충분하지 않을 때는 외부전원법, 희생양극법을 병용)
※ 희생양극법, 배류법은 T/B(전위측정용 터미널)을 300m 간격으로, 외부전원법은 500m 간격으로 시공한다.

19 전기방식시설의 방식전류기준

① 자연전위의 변화값 : 최소 -300mV 이하
② 도시가스시설 : 포화황산동 기준전극 -0.85V 이하(황산염 환원 박테리아가 번식하는 토양은 -0.95V 이하)
③ 액화석유가스시설 : 포화황산동 기준전극 -0.85V 이하(황산염 환원 박테리아가 번식하는 토양은 -0.95V 이하)
④ 고압가스시설 : 포화황산동 기준전극 -5V 이상 -0.85V 이하(황산염 환원 박테리아가 번식하는 토양은 -0.95V 이하)

20 KGS 도시가스 사용시설

(1) 가스계량기 설치제한

① 가스계량기는 공동주택의 대피공간, 방, 거실 및 주방 등으로 사람이 거처하는 곳에 설치하지 아니한다.
② 진동에 영향이 있는 장소에 설치하지 아니한다.
③ 석유류, 위험물 저장소에 설치하지 아니한다.
④ 수전실, 변전실 등 고압전기설비가 있는 장소에 설치하지 아니한다.

21 가스보일러 설치기준(설치시공확인서 : 5년간 보존)

(1) 반밀폐식 보일러의 급배기 설치기준

① 배기통 굴곡수 : 4개 이하
② 배기통 입상높이 : 10m 이하
③ 배기통 가로길이 : 5m 이하

(2) 연소기의 기구설치기준

① 개방형 연소기 : 환풍기, 환기구를 설치할 것
② 반밀폐형 연소기 : 하부에 급기구, 보일러 상부에 배기통을 설치
③ 밀폐형 연소기 : 보일러 상부에 급기통, 배기통을 설치

(3) 보일러의 종류

① FE(강제배기식 반밀폐형) : 연소용 공기를 실내에서 취하고 폐가스를 실외로 배출
② FF(강제급배기식 밀폐형) : 연소용 공기를 실외에서 취하고 폐가스를 실외로 배출

1 비파괴검사의 종류 4가지

① PT(침투탐상) ② MT(자분탐상)
③ RT(방사선) ④ UT(초음파)

2 도시가스 배관에 표시사항 3가지

① 가스흐름방향 ② 사용가스명
③ 최고사용압력

3 방폭구조 종류

① 본질안전(ia)(ib)
　위험장소 0종, 1종, 2종에 모두 사용
② 내압(d), 압력(p), 유입(o)
　위험장소 1종, 2종에 사용
③ 안전증(e)
　위험장소 2종에만 사용

4 전기방식법의 종류

① 외부전원법 : 방식정류기를 사용
② 희생양극법 : 양극의 금속을 이용
③ 배류법을 사용 : 선택배류, 강제배류법
　이 있음

5 융착이음의 종류

① 열융착(맞대기, 소켓, 새들)
② 전기융착(소켓, 새들)

6 도시가스 정압기실(해당설비)

(1) RTU(원격단말감시장치)
　가스누설경보기, UPS(정전 시 전원공
　급장치), 출입문개폐통보설비
(2) 안내문(경계표시)
　① 시설명 ② 공급자
　③ 연락처 등이 기재되어 있음

7 도시가스 압력조정기 설치 세대수

① 중압 : 150세대 미만
② 저압 : 250세대 미만

8 정압기의 입구압력에 따른 안전밸브 방출구의 구경

(1) 0.5MPa 이상 : 50A 이상
(2) 0.5MPa 미만
　① 유량 1000N㎥/hr 이상 : 50A 이상
　② 유량 1000N㎥/hr 미만 : 25A 이상

9 용기의 각인

① Tp : 내압시험압력(MPa)
② Fp : 최고충전압력(MPa)
③ V : 내용적(L)
④ W : 밸브부속품을 포함하지 아니한 용기질량(kg)
⑤ Tw : 아세틸렌용기의 밸브부속품 용제
　다공물질을 포함한 질량(kg)

10 부속품의 각인 기호

① AG : 아세틸렌가스를 충전하는 용기의 부속품
② PG : 압축가스를 충전하는 용기의 부속품
③ LG : LPG 이외 액화가스를 충전하는 용기의 부속품
④ LPG : 액화석유가스를 충전하는 용기의 부속품
⑤ LT : 초저온 저온 용기의 부속품

11 보호대

(1) 대상 시설물
   ① 소형저장탱크
   ② LPG 자동차 충전기(디스팬서)
   ③ CNG(압축천연가스) 이동식, 고정식
     충전기
(2) 보호대 재질, 높이 종류
   ① 재질
     철근콘크리트제(두께 12cm 이상)
     강관제(배관용 탄소강관 100A 이상)
   ② 높이 : 80cm 이상

12 초저온용기의 정의

-50℃ 이하 액화가스를 충전하기 위한 용
기로서 단열재를 씌우거나 냉동설비로 냉
동시키는 방법으로 용기 내 가스온도가 상
용온도를 초과하지 않도록 조치한 용기

13 단열성능시험

(1) 사용가스 종류와 비등점
   L-O$_2$(-183℃), L-Ar(-186℃), L-Al$_2$
   (-196℃)
(2) 단열성능시험 합력기준의 침투열량
   ① 1000L 이상 : 0.002kcal/hr℃L 이하
   ② 1000L 미만 : 0.0005kcal/hr℃L 이하

14 관경에 따른 배관의 고정간격 설치간격(m)

(1) 관경 13mm 미만 : 1m 미만
(2) 관경 13mm 이상 33mm 미만 : 2m 마다
(3) 관경 33mm 이상 : 3m 마다

15 보일러의 방조망 직경

16mm 이상

16 보일러의 종류

① FF : 강제급배기식 밀폐식 보일러
② FE : 강제배기식 반밀폐형 보일러

**17 전용보일러실에 설치하지 않아도 되는
보일러의 종류**

① 밀폐식 보일러
② 옥외에 설치한 보일러
③ 전용급기통을 부착하는 구조로서 검사
  에 합격한 강제배기식 보일러

18 정압기의 3대 기능

① 감압기능
② 정압기능
③ 폐쇄기능

19 LP가스 이·충전 시 정전기 방지 전선

① 명칭 : 접지접속선
② 규격 : 5.5mm^2 이상

20 가스용 PE관 SDR 값의 사용압력

① 11이하(1호관) : 0.4MPa 이하
② 17이하(2호관) : 0.25MPa 이하
③ 21이하(3호관) : 0.2MPa 이하

**21 가스보일러 시공자는 그 시설의 적합한
경우 가스보일러 설치시공보험가입확인
서를 작성한 후 사용자에게 교부하고 5
년간 보존하여야 한다.**

**22 가스보일러는 전용보일러실에 설치 시
설치하지 않는 기구**

환기팬

23 지하매몰배관의 종류
① 폴리에틸렌 피복강관
② 분말용착식 폴리에틸렌 피복 강관
③ 가스용 폴리에틸렌관

24 가스용 PE관의 맞대기 융착은 공칭외경 90mm 이상 직관 연결 시 사용한다.

25 도시가스 배관의 지하매설 길이
① 공동주택부지 : 0.6m 이상
② 폭 8m 이상 도로 : 1.2m 이상
③ 폭 4m 이상 8m 미만 도로 : 1m 이상

26 가스방출관
(1) LPG탱크
　① 지상탱크 : 지면에서 5m 이상 탱크 정상부에서 2m 이상 중 높은 위치
　② 지하탱크 : 지면에서 5m 이상
(2) LPG 소형저장탱크
　① 지상탱크 : 지면에서 2.5m 이상 탱크 정상부에서 1m 이상 중 높은 위치
　② 지하탱크 : 소형저장탱크는 지하에 설치하지 않는다.
(3) 도시가스 정압기실 : 지상·지하 정압기실 모두 지면에서 5m 이상 (단, 전기시설물 접촉 우려가 있을 때는 3m 이상)

27 정압기실 배기관
① 배기관의 배기가스 방출구
　공기보다 무거운 경우 지면에서 5m 이상
　(단, 전기시설물 접촉우려 시 3m 이상)
　공기보다 가벼운 경우 지면에서 3m 이상
② 배기관의 직경 100mm 이상

28 LPG 자동차용 충전기
① 호스길이 5m 이내
② 원터치형
③ 과도한 인장력 발생 시 충전기와 가스주입기가 분리되는 안전장치(세이프티커플러)

29 LPG 소형저장탱크
① 한 장소에 설치 수 : 6기 이하
② 그때의 질량 5000kg 이하

30 비파괴검사를 위한 용접방법
불활성 아크용접(티그용접)

31 LP가스 용기저장실
① 용기저장실 면적 : 19m² 이상
② 사무실 면적 : 9m² 이상
③ 자연통풍구 : 바닥면적의 3% 이상(바닥면적 1m²당 300cm² 이상)
④ 환기구 전체면적 : 2400cm² 이하

32 차량경계표시
(1) 직사각형
　① 가로 : 차폭의 30% 이상
　② 세로 : 가로의 20% 이상
(2) 적색 삼각기
　① 바탕색 : 적색
　② 글자색 : 황색
　③ 규격 : 가로 40cm, 세로 30cm
　④ 표시 : 위험고압가스, 위험고압가스·독성가스

33 습식가스계량기 용도
기준기용, 실험실용

34 다기능 가스 안전계량기 기능

① 미소유량 검지기능
② 연속사용 차단 기능
③ 압력저하 차단기능

35 콕의 종류

상자콕, 퓨즈콕, 주물연소기용 노즐콕

36 라인마크 설치간격

50m 마다

37 T/B(전위측정용 터미널) 설치간격

① 외부전원법 : 500m 마다
② 희생양극법·배류법 : 300m 마다

38 정압기실, LPG탱크

경계책의 높이 1.5m 이상

39 금속관과 PE관을 연결시키는 부품

이형질이음관(TF관)

40 액면계

(1) LP가스탱크
　　① 지상 : 클린카식 액면계
　　② 지하 : 슬립튜브식 액면계
(2) 초저온탱크 : 차압식 액면계

41 벤트스택 방출구의 위치(작업원이 통행하는 장소에서)

① 공급시설 및 긴급용 벤트스택 : 10m 이상
② 그 밖의 벤트스택 : 5m 이상

42 도시가스배관의 표지판의 간격

(1) 가스도매사업(가스공사표지판)
　　500m마다
(2) 일반도시가스사업(OO도시가스(주))
　　① 제조소·공급소 내 : 500m 마다
　　② 제조소·공급소 밖 : 200m 마다

43 용기도색구분

(1) 일반용기
　　① 산소 : 녹색
　　② 아세틸렌 : 황색
　　③ 수소 : 주황색
　　④ 염소 : 갈색
　　⑤ 암모니아 : 백색
(2) 의료용(두 줄의 띠로 표시)
　　① 산소 : 백색
　　② 질소 : 흑색
　　③ 아산화질소 : 청색

44 도시가스 정압기실 안전장치 종류

안전밸브, 긴급차단장치, 이상압력통보설비

45 용기저장실 내

① 조명도 : 150Lux
② 내부온도 : 40℃ 이하

46 RMLD

원격메탄레이저검지기

47 OMD

광학식메탄검지기

48 FID

수소포획이온화검지기

49 내진설계대상 저장가스용량(탱크 및 가스홀더)

(1) 도시가스 : 3t, 300m³ 이상
(2) LPG : 3t 이상
(3) 고압가스
   ① 독성, 가연성 : 5t, 500m³ 이상
   ② 비독성, 비가연성 : 10t, 1000m³ 이상

50 방류둑 배수밸브

평상 시는 닫혀 있고 빗물 및 불순물 등을 배출 시 개방한다.

51 방류둑 차단능력

① 독성, 가연성 : 저장능력 상당용적
② 산소 : 저장능력 상당용적의 60% 이상

52 방류둑 설치기준 저장능력

① 독성 : 5t 이상
② 가연성 : 1000t 이상
③ 산소 : 1000t 이상

53 LPG 지하저장탱크

① 집수관 : 직경 80A 이상
② 검지관 : 직경 40A 이상 4곳 이상 설치

54 압력계

(1) 최고눈금범위 : 상용압력의 1.5배 이상 2배 이하에 최고눈금이 있어야 한다
(2) 기능검사 주기
   ① 충전용 압력계 : 매월 1회 이상
   ② 그밖의 압력계 : 3월에 1회 이상

55 정전기 제거설비의 접지저항치

① 총합 : 100Ω 이하
② 피뢰설비가 있는 것 : 10Ω 이하
③ 접지 접속선의 단면적 : 5.5mm² 이상

56 LPG 조정압력이 3.30kPa 이하인 안전장치 작동압력의 종류

① 작동표준압력 : 7kPa
② 작동개시압력 : 5.6~8.4kPa
③ 작동정지압력 : 5.04~8.40kPa

57 공기액화분리장치를 즉시 운전을 중지하고 액화산소를 방출하여야 하는 경우

① 액화산소 5L 중 C_2H_2이 5mg 이상 시
② 액화산소 5L 중 C이 500mg 이상 시

58 차량에 고정된 탱크 운반용량

① NH_3 제외 독성가스 12000L 초과하여 운반금지
② LPG 제외 가연성·산소 18000L 초과하여 운반금지

59 위험장소의 종류

0종, 1종, 2종

60 충전구의 나사형식

① A형(충전구 숫나사)
② B형(충전구 암나사)
③ C형(충전구에 나사가 없는 것)

61 용기의 C, P, S의 함유량(%)

① 무이음용기
C(0.55%), P(0.04%), S(0.05%) 이하
② 용접용기
C(0.33%), P(0.04%), S(0.05%) 이하

62 에어졸 용기

① 불꽃길이 시험온도 : 24℃ 이상 26℃ 이하
② 누설시험온도 : 46℃ 이상 50℃ 미만

63 독성가스 운반 시 보유소석회의 양(kg)

① 1000kg 이상 운반시 : 소석회 40kg 이상
② 1000kg 미만 운반시 : 소석회 20kg 이상

64 과충전 방지조치를 하여야 하는 독성가스의 종류

아황산, 암모니아, 염소, 염화메탄, 산화에틸렌, 시안화수소, 포스겐, 화화수소

65 독성가스 식별표지·위험표지

① 식별(식별거리, 글자크기)
30m 이상, 10cm×10cm
② 위험(식별거리, 글자크기)
10m 이상, 5cm×5cm

66 LPG탱크 긴급차단장치

① 조작위치 : 탱크 외면 5m 이상
② 조작동력원 : 기압, 유압, 전기압

67 CNG충전기 충전호스길이

8m 이내

68 지하배관 보호포 보호판과의 이격거리

① 배관에서 보호판 : 30cm 이상
② 보호판에서 보호포 : 30cm 이상
③ 배관에서 보호포
매설깊이 1m 이상 : 60cm 이상
매설깊이 1m 미만 : 40cm 이상
※ 단, 공동주택 부지 내 배관과 보호포
: 40cm 이상

69 LPG 충전시설 중 충전설비와 사업소 경계까지 거리

24m 이상

70 보호포

① 중압보호포 : 적색
② 저압보호포 : 황색

71 보호판(보호철판) 두께

① 중압 이하 배관 : 4mm 이상
② 고압배관 : 6mm 이상

작업형
(동영상)

기출문제

1

동영상은 LPG 자동차 충전기(디스펜서)이다. 지시
부분의 (1) 명칭, (2) 충전기 호스의 길이는?

 (1) 세이프티커플러
(2) 5m 이내

2

차량 위험고압가스 경계표지의 (1) 가로, (2) 세로의
규격을 쓰시오.

(1) 가로 : 차폭의 30% 이상
(2) 세로 : 가로의 20% 이상

3

가스도매사업 배관의 표지판 설치간격은 배관 몇 m 마다 설치하여야 하는지 쓰시오.
(1) 제조소 공급소 내일 경우
(2) 제조소 공급소 밖일 경우

 (1) 500m마다
　　　(2) 500m마다

 일반도시가스사업의 표지판
　　　제조소 공급소 내 : 500m마다
　　　제조소 공급소 밖 : 200m마다

4

동영상의 가스시설물에 대하여
(1) 시설물의 명칭은?
(2) 배관의 정상부에서 이격거리는?

 (1) 보호판
　　　(2) 30cm 이상

5

LP가스 연소기에서 연소기의 필요 요소 3가지를 기술하시오.

 ① 가스를 완전연소시킬 수 있을 것
　　　② 열을 유효하게 이용할 수 있을 것
　　　③ 취급이 간단하고 안정성이 있을 것

6

동영상의 (1) 액면계 명칭, (2) 측정원리를 쓰시오.

 해답　(1) 클린카식 액면계
　　　　(2) 빛의 난반사의 원리

7

도시가스 정압기실의 정압기(RTU) 감시장치의 기능을 쓰시오.

 해답　① 가스누설경보기능
　　　　② 출입문 개폐 감시기능
　　　　③ 정전 시 전원공급기능

8

동영상은 저장탱크 내부에서 액화가스가 충전된 장면이다. 지시된 부분은 액화가스가 없는 빈 공간이다. (1) 이 부분을 무엇이라 하며, (2) 이 부분이 필요한 이유를 기술하시오.

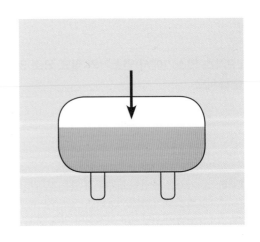

 해답　(1) 안전공간
　　　　(2) 액체는 비압축성이어서 온도상승 시 액팽창으로
　　　　　　 탱크파열의 우려가 있어 이를 방지하기 위함

9

동영상의 로딩암에서 ①, ②의 수송유체를 액관, 기체관으로 구별하여라.

 ① 액관, ② 기체관

 ① 굵은 배관 : 액체관
② 가는 배관 : 기체관

10

동영상 PE관의 융착이음의 명칭은?

 소켓융착

1

동영상 속 가스장치의 (1) 명칭, (2) 조작 동력원, (3) 조작 동력원의 탱크외면에서 이격거리를 쓰시오.

 (1) 긴급차단장치
(2) 액압, 기압, 전기압
(3) 5m 이상

2

용량 30m³/hr 미만 가스계량기의 (1), (2)의 설치 높이는 각각 몇 m인가?

(1)

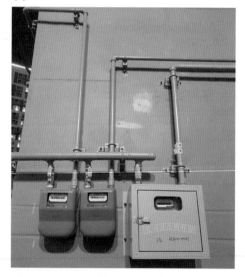

(2)

 (1) 바닥에서 2m 이내
(2) 바닥에서 1.6m 이상 2m 이내
* 보호상자 내에 설치 시 바닥에서 2m 이내 설치

3

동영상은 ㄷ자 형태로 가공된 방호철판이다.
(1) 방호철판의 두께는 얼마인가?
(2) 야간식별가능조치 2가지는 무엇인가?
(3) 이 철판의 크기는 몇 m 이상인가?

 (1) 4mm 이상
(2) 야광테이프 또는 야광페인트로 식별하여야 한다.
(3) 1m 이상

4

동영상의 압력계에서 기능 점검주기를 쓰시오.
(1) 충전용 주관의 압력계
(2) 그 밖의 압력계

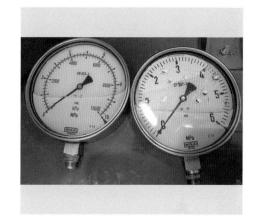

 (1) 매월 1회 이상
(2) 3월에 1회 이상

5

LP가스를 이송하는 압축기에서 사용되는 윤활유의
종류를 쓰시오.

 식물성유

6

동영상의 용기의 (1) 명칭, (2) 정의를 쓰시오.

 (1) 초저온용기
(2) −50℃ 이하 액화가스를 저장하기 위한 용기로서 단열재를 씌우거나 냉동설비로 냉각시키는 방법으로 용기 내 가스 온도가 상용의 온도를 초과하지 아니하도록 한 것

7

정압기실 내부 가스검지기이다. 이 기구의 작동점검 주기는?

 1주일 1회 이상

8

LPG 탱크에 프로판(C_3H_8)이 충전되어 있다. C_3H_8 1Nm³ 연소 시 필요 공기량 Nm³은 얼마인가?(단, 공기 중 산소는 20%이다)

 $C_3H_8 + 5O_2 \rightarrow 3CO_2 + 4H_2O$

$\therefore 5 \times \dfrac{100}{20} = 25Nm^3$

9

동영상은 왕복압축기이다. 그 특징 2가지를 쓰시오.

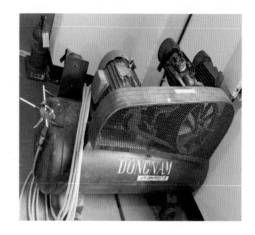

 ① 압축효율이 높다.
② 압축이 단속적이다.
③ 설치면적이 크다.
④ 용적형이다.

10

LPG 충전용기 보관실이다. 면적이 10m²이면 자연
통풍구의 면적(cm²)은?

 $10m^2 \times 10000cm^2/m^2 \times 0.03 = 3000cm^2$

 $1m^2 = 10000cm^2$

자연통풍구 : 바닥면적의 3% 이상
강제통풍구 : 바닥면적 1m²당 0.5m³/min 이상

1

동영상이 보여주는
(1) LPG 저장탱크에 설치된 안전밸브의 형식은?
(2) T_P(내압) 30kg/cm²일 때 안전밸브의 작동압력은?

 (1) 스프링식

(2) $30 \times \dfrac{8}{10} = 24\text{kg/cm}^2$

 안전밸브 작동검사주기
압축기 최종단에 설치된 안전밸브 : 1년 1회 이상
그 밖에 설치된 안전밸브 : 2년 1회 이상

2

동영상의 (1) 가스계량기의 명칭과 (2) 이 계량기의 장점 2가지는?

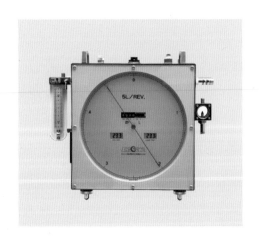

 (1) 습식가스계량기
(2) ① 계량이 정확하다.
② 사용 중 기차변동이 없다.

3

동영상이 보여주는 정압기의 안전밸브에서 입구측 압력이 0.5MPa 미만일 경우 정압기 설계유량 1000Nm³/h 이상 시 방출관의 크기는?

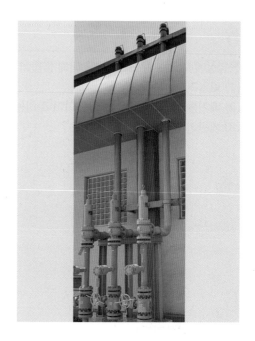

 50A 이상

해설 도시가스 정압기실 안전밸브 분출부의 크기

입구측 압력	유량	안전밸브분출부구경
0.5MPa 이상	유량과 관계없음	50A 이상
0.5MPa 미만	1000Nm³/h 이상	50A 이상
	1000Nm³/h 미만	25A 이상

4

가스배관 용접부에 하는 비파괴 검사법이다.
(1) 비파괴 검사방법 4가지를 쓰시오.
(2) 영상의 비파괴 검사방법을 쓰시오.

해답
(1) ① RT(방사선검사) ② PT(침투검사)
  ③ UT(초음파검사) ④ MT(자분검사)
(2) 방사선검사

5

동영상에 나오는 가스보일러에 대해 물음에 답하시오.
(1) 보일러 형식은?
(2) 배기통 굴곡부는 몇 개 이하이어야 하는가?
(3) 배관이 평형일 때 가로길이는?

 (1) FE(강제배기식 반밀폐형)
　　　 (2) 4개 이하
　　　 (3) 5m 이하

6

동영상의 기화기에서
(1) 기화방식 2가지는?
(2) ① 온수가열식의 온수온도, ② 증기가열식의 온
　 수온도는?

 (1) 가온감압식, 감압가온식
　　　 (2) ① 80℃ 이하, ② 120℃ 이하

7

가스설비 이상사태 발생 시 설비 밖으로 내용물을
배출하는 이송 설비이다.
(1) 명칭은?
(2) 작업에 필요한 장소, 작업원이 통행하는 장소로
　 부터 떨어져야 하는 거리는 ① 긴급용(공급설비)
　 일 경우 몇 m 이상인가? ② 그 밖의 설비일 경우
　 몇 m 이상인가?

 (1) 벤트스택
　　　 (2) ① 10m 이상, ② 5m 이상

8

동영상의 배관을 ㄷ자형으로 한 배관 이음의 (1) 명칭과 (2) 그 이유를 쓰시오.

 해답 (1) 루프이음(신축곡관)
(2) 열팽창에 의한 신축을 흡수하기 위하여

9

다음은 초저온 탱크 중 액화산소의 탱크이다. 액화산소 중 C_2H_2와 탄소의 검출시약은 무엇인가?

해답 C_2H_2 : 이로스베이시약
탄소(C) : 수산화바륨

10

동영상의 (1) 용기 명칭, (2) 상태별로 분류 시 어떠한 가스에 분류되는지, (3) 의료용으로 사용하는 경우 용기에 표시되는 부분은 무엇인지 쓰시오.

 해답 (1) 의료용 산소
(2) 압축가스
(3) 녹색 두줄 띠

1

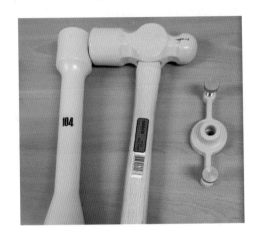

동영상의 공구는 가연성 가스를 취급하는 공장에서 사용되는 안전용 공구이다.
(1) 이 공구의 명칭을 쓰시오.
(2) 이 공구 이외에 안전용 공구로 사용되는 재질 2가지 이상을 쓰시오.

 (1) 베릴륨 합금제 공구
(2) 나무, 고무, 가죽, 플라스틱, 베아론 합금

2

동영상의 (1) 용기 명칭과 (2) 표시 부분은 무엇을 나타내는지 쓰시오.

 (1) 수소
(2) 가연성임을 표시

3

동영상은 강제기화 방식으로 사용 시 설치되는 기화
장치이다.
(1) 기화기의 3대 요소를 쓰시오.
(2) 기화기 사용 시 장점 4가지를 쓰시오.

(1) 기화부, 제어부, 조압부
(2) ① 한냉 시 가스공급이 가능하다.
    ② 기화량을 가감할 수 있다.
    ③ 설치면적이 작아진다.
    ④ 공급가스의 조성이 일정하다.

4

동영상의 벤트스택에서 벤트스택의 방출구 높이를
(1) 가연성인 경우 (2) 독성인 경우를 구분하여 답하
시오.

(1) 착지농도가 폭발하한 미만이 되는 높이
(2) 착지농도가 TLV-TWA 기준농도 미만이 되는
    높이

5

정압기실의 안전밸브에 연결된 배관이다.
(1) 이 관의 명칭은?
(2) 이 관의 설치높이 규정은?

(1) 가스방출관
(2) 지면에서 5m 이상. 단, 전기시설물의 접촉 우려
    시 3m 이상

6

동영상에서
(1) 압축기의 형식은?
(2) 행정거리를 $\frac{1}{2}$로 감소 시 피스톤 압출량의 변화는?

 (1) 왕복식 압축기

(2) $\frac{1}{2}$로 감소

 $Q = \frac{\pi}{4} \times D^2 \times L \times N \times \eta v$

피스톤압출량(Q)은 행정(L)에 비례하므로 행정이 $\frac{1}{2}$로 감소 시 압출량(Q)도 $\frac{1}{2}$로 감소

7

산소가스를 충전 시 도관과 압축기 사이에 설치하여야 하는 기기의 명칭은 무엇인가?

 수취기(드레인세퍼레이터)

8

공기액화분리장치에서 액산 5L 중 C_2H_2와 C의 질량 한계값을 쓰시오.

 C_2H_2 : 5mg 이하
C(탄소) : 500mg 이하

9

동영상의 LPG 충전소에 대하여 물음에 답하여라.
(1) 충전설비와 사업소 경계와의 이격거리는?
(2) 충전시설의 저장능력 10t 이하 저장설비와 사업
　　소 경계까지 이격거리는?

 (1) 24m 이상
　　　　　(2) 24m 이상

10

LPG 이송용 압축기에서 운전 중 점검항목 4가지를
쓰시오.

 ① 압력 이상 유무
　　　　　② 온도 이상 유무
　　　　　③ 누설 유무
　　　　　④ 소음, 진동 이상 유무

1

도시가스 정압기실에 설치하여야 할 경계책 높이는 어느 정도인가?

 1.5m 이상

2

가스배관의 용접 시 결함이 발생하였다. 결함의 종류를 쓰시오.

(1)

(2)

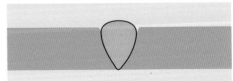

 (1) 용입불량
(2) 언더컷

3

동영상이 보여주는 전기방식법의 종류는?

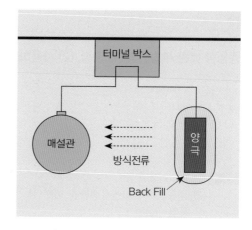

 희생양극법

4

도시가스 사용 정압기실에서 표시된 부분의 (1) 관의 명칭, (2) 지면에서의 설치 높이는?

 (1) 가스방출관
(2) 5m 이상

5

상용압력이 0.5MPa인 압력계의 최고 눈금 범위는?

 0.75MPa 이상 1MPa 이하

 0.5×1.5 ~ 0.5×2 = 0.75 ~ 1

6

동영상 배관 부속품의 (1) 명칭, (2) 사용하는 곳은?

 (1) T/F 이음관
(2) 금속관과 폴리에틸렌관을 연결 시 사용하는 이
형질 이음관

7

동영상의 (1) 독성가스 표지의 명칭과 (2) 식별거리는?

 (1) 식별표지
(2) 30m 이상

8

동영상 속 가연성 가스 저장실의 통풍구 면적은?

 바닥면적의 3% 이상

9

동영상 방폭등의 실내 조명도는 몇 Lux 이상이어야 하는가?

해답 150Lux 이상

10

공기보다 가벼운 지하 정압기실에 대하여 물음에 답하여라.
(1) 배기관의 관경은?
(2) 배기관의 방출구 설치 높이는?

해답 (1) 100mm 이상
(2) 지면에서 3m 이상

1

동영상 LPG 탱크로리에서 적색 삼각기의 규격을 쓰시오(가로×세로).

 40cm×30cm

2

동영상 정압기에서 지시부분 ①, ②의 명칭을 쓰시오.

 ① 여과기
② 자기압력기록계

3

동영상의 ①, ② 용기의 명칭을 쓰시오

 ① 수소
② 아세틸렌

4

다음은 LP가스 이송 시 사용되는 압축기이다. 압축기로 이송 시 장점 3가지를 쓰시오.

 ① 충전시간이 짧다.
② 잔가스회수가 용이하다.
③ 베이퍼록의 우려가 없다.

5

동영상 속 배관의 재질은 무엇인가?

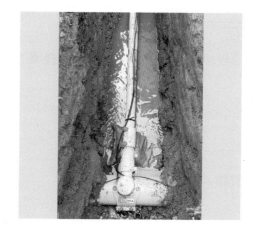

 PE관(가스용 폴리에틸렌관)

6

동영상의 2단 감압식 조정기에서 2단 감압식의 장점 2가지를 쓰시오.

 ① 최종압력이 정확하다.
② 중간배관이 가늘어도 된다.
③ 관의 입상에 의한 압력손실이 보정된다.
④ 각 연소기구에 알맞은 압력으로 공급이 가능하다.

7

동영상 용기에서 표시부분의 (1) 명칭, (2) 역할을 기술하시오.

 (1) 캡
(2) 밸브를 보호하기 위함

8

동영상에서 지시하는 ①, ②, ③의 명칭을 쓰시오.

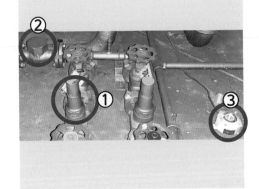

 ① 릴리프밸브
② 역지밸브
③ 가스검지기

9

동영상은 액화가스를 수송하는 차량고정탱크이다.
법적인 수송 가스별 적재운반가능량(L)을 쓰시오.

(1) LPG
(2) LPG를 제외한 가연성 및 산소
(3) NH₃
(4) NH₃를 제외한 독성

해답 (1) 규정이 없음
     (2) 18000L 초과 운반금지
     (3) 규정이 없음
     (4) 12000L 초과 운반금지

10

공동주택의 도시가스용 압력조정기에 대하여 물음
에 답하시오.

(1) 압력이 중압 이상인 경우 전체 세대 수의 몇 세대
미만에 설치가 가능한가?
(2) 압력이 저압인 경우 설치 가능 세대 수는 몇 세대
미만인가?

해답 (1) 150세대 미만
     (2) 250세대 미만
     * 설치 가능 세대 수를 물으면 149세대, 249세대로
      답하여야 한다.

1

동영상 지상 LPG 저장탱크에 지시부분의 (1) 명칭
(2) 설치위치를 쓰시오.

 (1) 가스방출관
(2) 지상에서 5m 이상, 탱크 정상부에서 2m 중 높
은 위치

2

동영상의 융착이음의 명칭은?

 소켓융착

3

동영상의 비파괴 검사방법의 명칭을 쓰시오.

해답 자분검사

4

고압액화가스 배관에 외부의 원인에 의한 온도 하강 시 설비에 미치는 영향은?

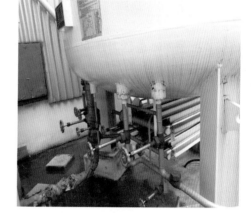

해답 ① 동결
② 밸브배관의 폐쇄
③ 공급능력 저하

5

LPG 저장탱크에 내진설계로 시공하여야 하는 탱크의 저장능력은?

 해답 3t 이상

6

LP가스 이충전 시 접지하여야 하는 이유를 쓰시오.

 정전기 발생에 의한 가스폭발을 예방하기 위해서

 정전기 제거 조치 기준
① 접지저항치의 총합은 100Ω 이하
② 피뢰설비를 설치 시는 10Ω 이하
③ 접지접속선의 단면적은 5.5mm² 이하

7

LPG 47L 용기에 충전 가능 질량은 몇 kg인가? (단, 상수 C＝2.35이다)

 $G = \dfrac{V}{C} = \dfrac{47}{2.35} = 20kg$

8

동영상은 일정량 송출 및 부식성 유체 수송을 위한 펌프이다. 이 펌프의 명칭은?

 다이어프램펌프

9

산소 용기에서
(1) 충전구 나사 형식(왼나사, 오른나사)을 구별하여라.
(2) 충전구 나사 형식(숫나사, 암나사)을 구별하여라.

 해답 (1) 오른나사, (2) 숫나사

10

수소가스 용기밸브에서 지시부분은 무엇인가?

 해답 파열판식 안전밸브

1

도시가스 배관을 지하매설 시 다른 시설물과 이격거리는?

 30cm 이상

2

액화산소의 (1) 비등점, (2) 임계압력은?

해답 (1) −183℃
    (2) 50.1atm

3

저장탱크 상부 지시 (1) ①, ②의 명칭과 (2) ①의 작동기능 점검주기를 쓰시오.

 (1) ① 스프링식 안전밸브, ② 가스방출관
(2) 2년 1회 이상(압축기의 최종단에 설치 시 1년 1회 이상)

4

다음 배관 부속품 ①, ②, ③, ④의 명칭을 쓰시오.

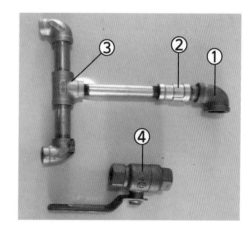

 ① 엘보 ② 레듀샤 ③ 티 ④ 볼밸브

5

동영상의 비파괴 검사법의 종류는?

 방사선투과검사(RT)

6

도시가스 배관 중 지하매설 할 수 있는 관의 종류 3가
지를 쓰시오.

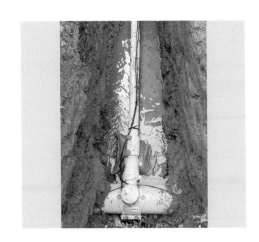

 ① 폴리에틸렌 피복강관
② 가스용 폴리에틸렌관
③ 분말용착식 폴리에틸렌 피복강관

7

LPG를 이송하고 있다. 표시 부분의 (1) 명칭, (2) 설
치목적, (3) 단면적(mm²)을 쓰시오.

 (1) 접지접속선
(2) LP가스 이송 시 정전기 발생을 방지하기 위함
(3) 5.5mm² 이상

8

도시가스에 사용되는 압력조정기에서 최대표시 유
량 통과 시 합격 유량 범위는 몇 %인가?

 ±20%

9

동영상의 초저온 용기에 대하여 (1) 용기의 정의, (2) 이때의 안전밸브 형식을 쓰시오.

 (1) -50℃ 이하 액화가스를 충전하기 위한 용기로서 단열재를 씌우거나 냉동설비로 냉각시키는 방법으로 용기 내 가스온도가 상용온도를 초과하지 아니하도록 할 것
(2) 스프링식, 파열판식

10

지역 정압기의 저압에서 저압정압기의 1차 압력 (MPa), 2차 압력(kPa)의 값을 쓰시오.

 1차 : 0.1MPa 이하
2차 : 1~2.5kPa

1

공기보다 무거운 가스검지기이다. 표시부분 x의 길이는 몇 cm 이내이어야 하는가?

 30cm 이내

 ① 공기보다 무거운 가스검지기 : 지면에서 검지기 상단부까지 30cm 이내
② 공기보다 가벼운 가스검지기 : 지면에서 검지기 하단부까지 30cm 이내

2

용기 운반 시 충전용기를 차량에 적재할 때의 주의사항을 쓰시오.

 ① 독성가스 중 가연성과 조연성 가스는 동일차량의 적재함에 운반하지 않는다.
② 염소와 아세틸렌 암모니아 수소는 동일차량에 적재하여 운반하지 아니한다.
③ 가연성 산소를 동일차량 적재 시 충전용기밸브가 마주보지 않도록 한다.
④ 충전용기와 위험물과는 동일차량에 적재하여 운반하지 아니한다.

3

동영상의 원심펌프에서 발생할 수 있는 캐비테이션의 방지법을 2가지 쓰시오.

해답 ① 회전수를 낮춘다.
② 흡입관경을 넓힌다.
③ 두 대 이상의 펌프를 사용한다.
④ 양 흡입펌프를 사용한다.

참고 캐비테이션 : 원심펌프에서 유수 중 수온의 증기압보다 낮은 부분이 생기면 물이 증발을 일으키고 기포가 발생하는 현상

4

동영상 방폭구조의 (1) 명칭과 (2) 이 방폭구조는 몇 종 위험장소에 설치하는지 쓰시오.

해답 (1) 안전증 방폭구조
(2) 제2종 위험장소

해설 위험장소별 설치방폭구조
0종 : 본질안전 방폭구조
1종 : 본질안전, 유입, 압력, 내압 방폭구조
2종 : 1종 방폭구조+안전증 방폭구조

5

정압기 내부 정압기(조정기)에서 2차 압력을 감지하여 스프링에 전달되는 설비부분은?

해답 다이어프램

6

가스용 PE관의 (1) SDR 11, (2) SDR 17의 최고사
용압력(MPa)은 얼마인가?

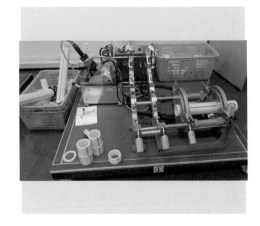

 해답 (1) 0.4MPa
(2) 0.25MPa

7

초저온 탱크 하부에 설비되어 있는 밸브 종류를 3가
지 이상 쓰시오.

 해답 ① 긴급차단밸브
② 드레인밸브
③ 릴리프밸브
④ 안전밸브

8

공기 액화 분리 시 제조되는 가스의 종류 3가지를
액화(분리) 순서대로 쓰시오.

 해답 ① 액화산소 ② 액화아르곤 ③ 액화질소

 참고 비등점

O_2 : $-183℃$

Ar : $-186℃$

N_2 : $-196℃$

9

동영상 속 유량계의 명칭은?

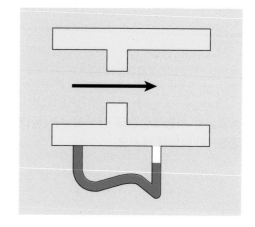

 오리피스유량계

10

아래는 고압가스의 배관이다. 배관재료의 구비조건 4가지를 쓰시오.

해답 ① 관내 가스유통이 원활할 것
② 토양, 지하수 등에 내식성이 있을 것
③ 절단가공이 용이할 것
④ 누설이 방지될 것

1

동영상의 차량고정탱크 상부에 지시된 기구의 (1) 명칭, (2) 역할을 쓰시오.

 (1) 검지봉
(2) 차량고정탱크의 정상부가 차량의 정상부보다 높을 때 설치되는 높이를 측정하는 검지봉이다.

2

LPG 충전시설의 저장탱크가 5ton일 때 사업소 경계와의 이격거리는?

 24m

 LPG 충전시설 중 저장능력에 따른 사업소 경계와의 이격거리

저장능력	사업소 경계와의 거리
10t 이하	24m
10t 초과 20t 이하	27m
20t 초과 30t 이하	30m
30t 초과 40t 이하	33m
40t 초과 200t 이하	36m
200t 초과	39m

3

도시가스 배관 기밀시험 시 순서이다. 올바른 순서를 번호로 나열하시오.

① 밸브를 1/2 정도 개방한다.
② 0.2~0.5MPa 정도의 압력으로 공기를 주입한다.
③ 밸브 차단 후 1~2분 정도 여유를 둔다.
④ 스탬과 밸브시트의 누출 여부를 확인한다.

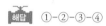 ①-②-③-④

4

도시가스 정압기지 밸브기지 내 경계책 설치기준에서 (1) 경계책의 높이, (2) 경계책 내 휴대금지 물품은?

 (1) 1.5m 이상
(2) 발화·인화성 물질

5

동영상 ①, ②, ③, ④의 명칭을 쓰시오.

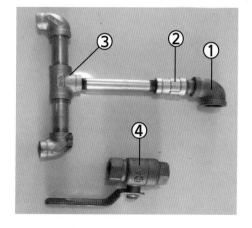

 ① 엘보 ② 레듀샤 ③ 티 ④ 볼밸브

6

동영상의 융착이음의 (1) 명칭을 쓰고, (2) 아래
(　　) 안의 ①, ②, ③에 알맞은 단어를 쓰시오.

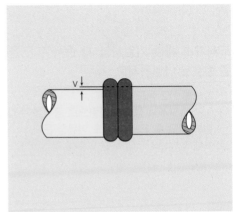

- 비드는 좌우 (①)형으로 둥글게 하고 균일하게 형성되도록 한다.
- 비드의 표면은 매끄럽고 청결하도록 한다.
- 이음부 연결 오차는 (②) 배관두께의 (③)% 이하로 한다.

 (1) 맞대기 융착
(2) ① 대칭, ② PE, ③ 10

7

동영상에서 ① Ex, ② d, ③ ⅡB, ④ T6의 의미를 쓰시오.

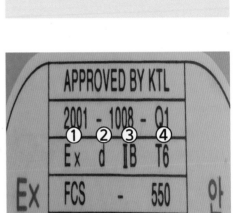

 ① Ex : 방폭기기
② d : 내압 방폭구조
③ ⅡB : 방폭기기의 폭발등급
④ T6 : 방폭구조의 온도등급(발화도 범위 85℃ 초과 100℃ 이하)

8

동영상의 압력계 ①, ②의 압력으로 예비측과 사용측을 구분하여라.

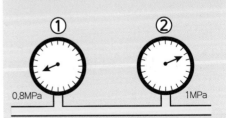

 ① 사용측, ② 예비측

 예비측 배관쪽의 압력이 사용측보다 높다.

9

동영상 용기의 충전구 나사형식을 A, B, C로 구분하여라.

 ① A, ② B, ③ C

해설 A : 충전구의 나사 – 숫나사
B : 충전구의 나사 – 암나사
C : 충전구의 나사 – 없음

10

동영상의 (1) 기기 명칭, (2) 상하밸브의 기능을 쓰시오.

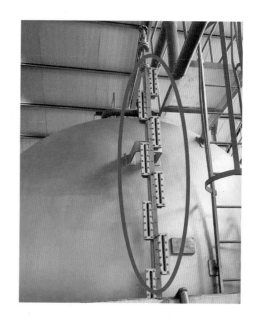

 (1) 클린카식 액면계
(2) 액면계 파손 시 차단시키는 자동 또는 수동식 스톱밸브

 클린카식 액면계의 원리 : 빛의 난반사 원리

1

비파괴검사의 종류 4가지를 영어 약자로 쓰시오.

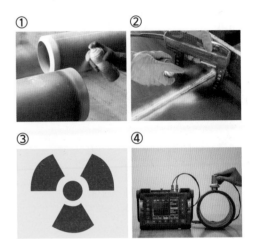

 ① PT, ② MT, ③ RT, ④ UT

참고 PT : 침투탐상검사
MT : 자분검사
RT : 방사선투과검사
UT : 초음파

2

동영상의 왕복압축기에서 실린더 이상음의 발생원인 3가지를 쓰시오.

 ① 실린더와 피스톤의 접촉
② 실린더 내 이물질 혼입
③ 가스의 분출

3

동영상이 보여주는 가스기구의 명칭을 쓰시오.

(1)　(2)

 (1) 퓨즈콕 (2) 상자콕

 콕의 열림방향
상자콕·퓨즈콕 : 시계바늘 반대방향
주물연소기용 노즐콕 : 시계바늘 방향

4

동영상의 터보펌프에서 펌프의 정지 순서를 쓰시오.

 ① 토출밸브를 닫는다.
② 모터를 정지한다.
③ 흡입밸브를 닫는다.
④ 펌프 내의 액을 배출한다.

5

동영상에서 설명하는 전기방식법은 선택배류법과 외부전원법의 중간형태로서 매설배관과 레인을 연결하는 회로에 직류전원을 넣어 배류를 촉진시키는 방식법이다. 이러한 전기방식법을 무엇이라 하는가?

 강제배류법

6

동영상의 가스미터 종류는?

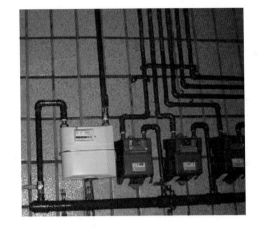

 해답 막식가스미터

7

동영상의 용기에 설치되어 있는 안전밸브의 종류는?

해답 가용전식

8

동영상 용기에 충전되어 있는 (1) 용제 종류, (2) 다공물질 종류를 각각 2가지씩 쓰시오.

해답 (1) 아세톤, DMF
(2) 석면, 규조토

9

가연성 가스설비에 설치하는 방폭구조의 종류 5가지를 기호로 쓰시오.

 d, p, o, e, ia(ib)

 d : 내압방폭구조
p : 압력방폭구조
o : 유입방폭구조
e : 안전증방폭구조
ia(ib) : 본질안전방폭구조

10

동영상은 정압기실의 가스필터이다. 최초 공급 개시 후 필터의 최초 점검주기는?

 1월 이내 점검

 필터의 분해점검 주기(1월 이내 점검 후)
공급시설의 필터 : 1년 1회
사용시설의 필터 : 3년 1회(3년 1회 다음은 4년 1회)

1

동영상의 원심펌프에서 발생되는 캐비테이션의 방
지법 2가지를 쓰시오.

 ① 회전수를 낮춘다.
② 흡입관경을 넓힌다.
③ 펌프설치 위치를 낮춘다.
④ 두 대 이상의 펌프를 설치한다.

2

동영상의 (1) 밸브 명칭, (2) 역할을 쓰시오.

 (1) 릴리프밸브
(2) 액관 중에 설치하여 관에 고압력이 형성되면 밸
브가 개방되어 액화가스가 흡입측으로 되돌아감
으로써 액관의 파손을 방지하는 역할

3

가스용 폴리에틸렌관의 맞대기 융착 시 그 과정을 2가
지로 구분하여 쓰시오.

 해답 ① 가열용융공정, ② 압착냉각공정

4

동영상 속 계량기의 명칭은?

해답 터빈계량기

5

동영상 시설물의 (1) 명칭, (2) 설치간격, (3) 직경×
두께를 쓰시오.

해답 (1) 라인마크
(2) 관 길이 50m마다
(3) 60mm×7mm

6

가스계량기가 설치될 수 있는 장소 2가지는?

해답 검침·유지관리가 용이한 장소, 환기가 양호한 장소

해설 ① 직사광선, 빗물을 받을 우려가 있을 때는 보호상
자 안에 설치
② 용량 30m³/h 미만, 계량기는 1.6m 이상 2m 이
내에 설치
③ 보호장치 내 설치. 기계실, 가정용을 제외한 보일
러실, 문이 달린 파이프 덕트 내 설치 시 바닥으
로부터 2m 이내에 설치한다.

7

동영상에서 보여주는 압력계는 2차 압력계의 기준
이 되는 1차 압력계이다. 이 압력계의 명칭은?

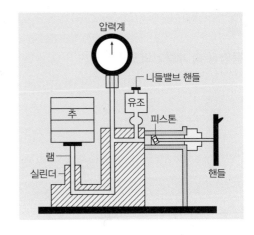

해답 자유피스톤식 압력계

8

가스보일러에 반드시 설치하여야 할 안전장치를 2가
지 이상 쓰시오.

해답 ① 점화장치
② 물빼기장치
③ 동결방지장치

9

동영상 용기에서 표시부분의 의미를 쓰시오.

해답 AG : 아세틸렌 가스를 충전하는 용기의 부속품

10

다음의 (FF)강제 급배식·밀폐식 보일러에 대하여
(1) 설치 불가능 장소 4가지를 쓰시오.
(2) 전용보일러실에 설치 시 설치하지 않는 기구와
 그 이유를 쓰시오.

해답 (1) 방, 거실, 목욕탕, 샤워장
 (2) 설치하지 않아야 할 기구 : 환기팬
   이유 : 대기압보다 낮은 부압형성의 원인이 된다.

참고 환기불량으로 질식 우려가 있는 장소 : 방, 거실, 목욕
 탕, 샤워장

1

동영상의 전기방식법 T/B(전위측정용터미널)에 대한 물음에 답하시오.

(1) 희생양극법, 배류법인 경우 몇 m마다 설치하여야 하는가?

(2) 외부전원법인 경우 몇 m마다 설치하여야 하는가?

 (1) 300m마다 (2) 500m마다

2

동영상 속 좌측의 전기계량기와 우측의 가스계량기 이격거리는 몇 cm인가?

전기계량기   가스계량기

 60cm 이상

3

동영상 LPG 용기의 안전밸브 형식은?

해답 스프링식

4

동영상의 방폭구조는?

해답 안전증 방폭구조

5

동영상이 지시하는 액면계의 명칭은?

해답 슬립튜브식 액면계

6

동영상 용기밸브에 설치되어 있는 안전밸브의 형식은?

 파열판식

7

동영상의 살수장치의 조작위치는 탱크 외면에서 몇 m 이상 떨어진 장소에 설치되어야 하는가?

 5m 이상

8

동영상에서 표시하는 (1) 기구의 명칭, (2) 역할을 쓰시오.

 (1) 긴급차단장치
(2) 정압기실 이상사태발생, 2차 압력 등이 상승 시 가스 흐름을 차단하여 피해를 막음

9

LPG 탱크의 긴급차단장치이다. 탱크로부터 몇 m 떨어진 장소에 설치되어야 하는가?

해답 5m 이상

10

동영상의 도시가스 사용시설에서 가스누출 경보장치의 3대 요소 ①, ②, ③의 명칭을 쓰시오.

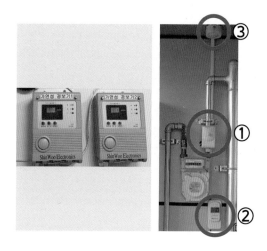

해답 ① 차단부, ② 제어부, ③ 검지부

1

동영상의 방폭구조 종류를 쓰시오.

해답 유입방폭구조(o)

2

동영상의 표시부분 내부에는 보냉제가 들어있다. 보냉제의 종류를 3가지 쓰시오.

해답 ① 경질우레탄폼
② 글라스울
③ 펄라이트

3

초저온 용기는 내조와 외조 사이에 공간을 두어야 한다. 그 이유를 쓰시오.

 공간에 공기나 단열재를 충전하여 초저온 가스가 쉽게 기화되지 않도록 단열 효과를 상승시키기 위하여

4

C_2H_2 용기에서의 안전밸브 부분의 가용 전 재료 3가지를 쓰시오.

해답 ① Pb(납), ② Sb(안티몬), ③ Sn(주석)

5

LPG 탱크에 설치된 경계책의 높이(m)는?

해답 1.5m 이상

(1)　　　　(2)

6

다음 용기 가용전식 안전밸브의 용융온도를 각각 쓰시오.

 (1) 105±5℃, (2) 65~68℃

7

다음 용기 검사 주기에 대하여 물음에 답하시오.
(1) 내용적 500L 이상 시 재검사 주기는 몇 년인가?
(2) 내용적 500L 미만 시 신규검사 후 경과연수가
　　10년 초과일 때는 몇 년인가?

 (1) 5년, (2) 3년

 무이음 용기 500L 미만 시, 신규검사 후 경과연수 10년 이하는 5년, 10년 초과는 3년이다.

8

다음 살수장치가 수원에 접속되어 몇 분간 연속분무
가 가능하여야 하는가?

 30분

9

고압가스 용기 운반 시 주의사항 4가지를 쓰시오.

해답 ① 염소와 아세틸렌, 암모니아, 수소는 동일차량에
　　　 적재하여 운반하지 말 것
　　 ② 독성가스 중 가연성과 조연성을 동일차량에 적재
　　　 하여 운반하지 말 것
　　 ③ 충전용기와 소방법이 정하는 위험물과 혼합적재
　　　 하지 말 것
　　 ④ 용기의 상하차 시 충격 완화를 위하여 완충판을
　　　 사용할 것

10

**원심펌프에서 일어날 수 있는 캐비테이션 방지법을
4가지 쓰시오.**

해답 ① 회전수를 낮춘다.
　　 ② 펌프설치 위치를 낮춘다.
　　 ③ 두 대 이상의 펌프를 사용한다.
　　 ④ 양흡입 펌프를 사용한다.

1

동영상의 초저온 Ar 탱크 하부에 설치되어 있는 밸브의 종류 4가지를 쓰시오.

 ① 안전밸브
② 긴급차단밸브
③ 릴리프밸브
④ 드레인밸브

2

동영상의 공기압축기에 사용되는 윤활유의 명칭을 쓰시오.

 양질의 광유

3

에어졸 용기에서
(1) 온수 누출 시 시험온도는?
(2) 내용적이 얼마이면 에어졸 제조에 재사용할 수
    있는가?
(3) 불꽃길이의 시험온도는?

 (1) 46℃ 이상 50℃ 미만
(2) 30cm³
(3) 24℃ 이상 26℃ 이하

4

동영상의 조작상자는 차량 뒷범퍼와의 수평거리가
몇 cm 이상인가?

 20cm 이상

5

동영상 밸브 ①, ②의 명칭은?

 ① 체크밸브, ② 글로브밸브

6

부취제 주입설비에서 메타링펌프를 사용하는 이유를 쓰시오.

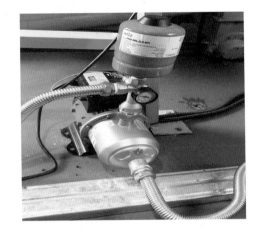

해답 정량의 부취제를 직접 가스에 주입하기 위하여

7

다음 용기의 (1) 명칭, (2) 최고충전압력은?

해답 (1) 아세틸렌 용기 (2) 1.5MPa 이상

8

방폭구조의 종류 5가지를 기호와 함께 쓰시오.

해답
① 내압방폭구조(d)
② 유입방폭구조(o)
③ 안전증방폭구조(e)
④ 압력방폭구조(p)
⑤ 특수방폭구조(s)

9

다음 도시가스 사용시설의 가스계량기와 전기점멸기 접속기와의 이격거리는 몇 cm인가?

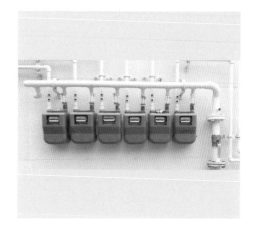

 30cm 이상

10

동영상에 표시된 배관의 (1) 명칭, (2) 용도를 쓰시오.

 (1) 바이패스관
(2) 주배관이 고장이나 청소 수리 시 사용할 수 있는
　　예비용 설치배관이다.

1

동영상에서 보여주는 가스 장치의 (1) 명칭, (2) 작동
시키는 조작 동력원 3가지를 쓰시오.

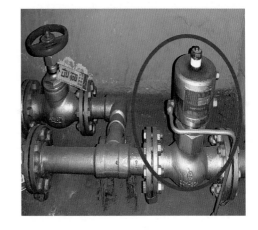

 (1) 긴급차단장치
(2) 공기압, 유압, 전기압

2

동영상에서 보여주는 원심압축기의 구성요소 3가지
를 쓰시오.

 임펠러, 디퓨저, 가이드베인

3

PE관의 융착방법 중 (1) 열융착법 3가지, (2) 융착상태의 적합판정여부는 무엇으로 결정하는지 쓰시오.

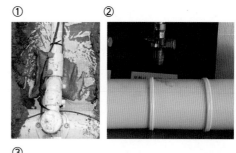

 (1) ① 소켓융착, ② 맞대기융착, ③ 새들융착
(2) 비드폭

4

도시가스 정압기실의 표시부분에 대하여 (1) 명칭, (2) 기능 3가지를 쓰시오.

 (1) RTU(원격단말감시장치)
(2) ① 출입문 개폐 감시기능
② 정압기실 비상사태 감시기능
③ 가스누출검지 경보기능
④ 정전 시 전원공급기능

5

다음 가스시설에 사용되는 관의 (1) 명칭, (2) 용도를 쓰시오.

 해답　(1) T/F관(이형질 이음관)
　　　　(2) 강관과 PE관을 연결시키는 이형질 이음관

6

다음 동영상이 보여주는 용기의 (1) 명칭과 (2) 액화가스, 압축가스를 구분하여라.

 해답　(1) CO_2 용기
　　　　(2) 액화가스

7

다음의 자기압력기록계의 용도를 2가지 이상 기술하시오.

 해답　① 정압기의 1주일간 운전상태를 기록
　　　　② 배관 내에서는 기밀시험 측정

8

동영상에서 보여주는 배관이음의 명칭은?

 해답 루프이음(신축곡관)

9

동영상에서 보여주는 지시부분의 (1) ①, ②, ③ 명칭과 (2) ①의 역할을 각각 쓰시오.

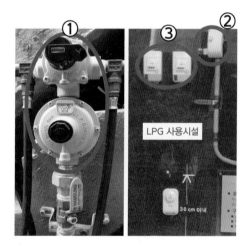

LPG 사용시설

30 cm 이내

 해답 (1) ① 자동교체조정기, ② 차단부, ③ 제어부
(2) 사용 중인 용기에 가스전량 사용이 교체되어 예비측 용기에 가스가 공급되도록 한다.

10

동영상에서 보여주는 (1) 액면계의 명칭, (2) 인화 중독의 우려가 없는 곳에 사용되는 액면계의 종류 3가지를 쓰시오.

해답 (1) 슬립튜브식 액면계
(2) ① 슬립튜브식 액면계
② 고정튜브식 액면계
③ 회전튜브식 액면계

1

동영상의 (1), (2) 가스보일러 형식을 기술하시오.

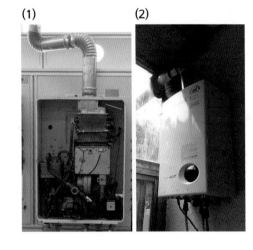

(1)　　　　　(2)

 (1) FE(강제배기식 반밀폐형)
(2) FF(강제급배기식 밀폐형)

2

동영상의 초저온 저장탱크에서 (1) 보냉제의 종류 3
가지, (2) 보냉제의 열전도율에 영향을 미치는 요소
3가지를 쓰시오.

 (1) 펠라이트, 경질우레탄폼, 폴리염화비닐폼
(2) 온도, 흡착성, 발포성

3

동영상에서 보여주는 것은 G/C(가스크로마토그래피)의 분석장치이다. 가스분석장치 중 흡수분석방법 3가지를 기술하여라.

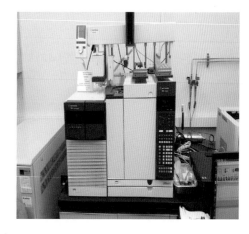

해답 ① 오르자트법, ② 헴펠법, ③ 게겔법

4

LPG 저장실의 자연통풍구는 통풍면적 한계값의 얼마(cm^2) 이하인가?

해답 24000cm^2 이하

5

매몰형 PE밸브의 기밀시험 순서를 쓰시오.

해답 ① 밸브를 개방한다.
② 공기를 주입한다.
③ 밸브를 닫는다.
④ 밸브스템 등에서 누설유무를 확인한다.

6

공기액화분리장치에서 폭발의 원인 4가지를 쓰시오.

① 공기 취입구로부터 C_2H_2의 혼입
② 압축기용 윤활유 분해에 따른 탄화
수소의 생성
③ 액체 공기 중 O_3의 혼입
④ 공기 중 NO, NO_2의 혼입

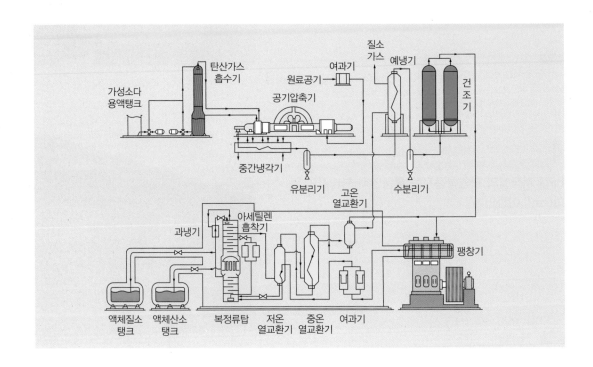

7

가스배관을 건축물의 외벽과 조화가 되는 색상으로
도색하였다. 이때 가스배관임을 어떻게 표시하여야
하는가?

 배관에 폭 3cm의 황색 띠를
2줄로 표시하여야 한다.

8

LPG 자동차 충전시설에서
(1) 충전호스 길이(m)는?
(2) 충전호스에 과도한 인장력이 발생했을 때 충전
 기와 호스가 분리되는 안전장치의 명칭은?

 (1) 5m 이내
 (2) 세이프티 커플러

9

동영상에서 보여주는 (1) 액면계의 명칭, (2) 측정원
리를 쓰시오.

 (1) 클린카식 액면계
 (2) 빛의 난반사의 원리

10

가스배관에 보냉제를 설치하였다. 열의 전도 3대 요
소를 쓰시오.

 ① 전열면적, ② 두께, ③ 온도 차

1

가스크로마토그래피의 3대 요소를 쓰시오.

해답 분리관, 검출기, 기록계

2

LPG 자동차 충전시설에서
(1) 충전기가 갖추어야 할 조건 3가지를 쓰시오.
(2) 충전기 상부에 설치하여야 하는 시설물과 규격
을 쓰시오.

 해답 (1) ① 원터치형일 것
② 정전기 제거장치가 있을 것
③ 충전호스에 과도한 인장력이 가해졌을 때 충전
기와 호스가 분리되는 안전장치를 설치할 것
(2) 설치 시설물 : 캐노피
규격 : 설치면적은 공지면적의 1/2로 한다.

3

LPG 탱크에 설치되어 있는 액면계에서 누설에 대비하여 설치하여야 할 사항에 대하여 기술하시오.

 해답 금속프로텍터를 설치하고 액면계 상하배관에 자동 또는 수동 스톱밸브를 설치한다.

4

LP가스 저장실에 설치된 방폭등이다. 내부조명도는 몇 Lux인가?

해답 150Lux

5

동영상의 (1) 가스 기구의 명칭, (2) 기능을 쓰시오.

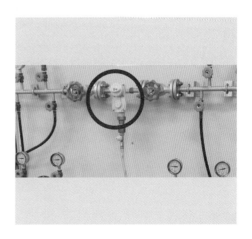

 해답 (1) 자동절체기
(2) 사용측 라인가스가 전량 소비되었을 때 교체되어 예비측 가스가 공급되게 하는 절체기

6

동영상에서 보여주는 공업용 압력계의 명칭을 쓰시오.

해답 부르동관압력계

7

다음 표지판의 규격(가로×세로)을 쓰시오.

해답 가로 : 200mm, 세로 : 150mm

8

관경이 25A인 배관의 고정 설치 간격은 몇 m마다
설치하여야 하는가?

해답 2m마다

9

LPG 탱크에 설치된 철망 등의 경계책의 높이는?

 1.5m 이상

10

용접용기에서 동판 부분의 최대, 최소 두께 차이는 평균 두께의 몇 % 이하이어야 하는가?

 10% 이하

1

수소가스를 사용하는 저장시설에서 가스가 누설되
었을 때 경보장치가 작동하여야 하는 눈금은 몇 %에
서 가동되어야 하는가?

 1% 이하

 경보장치가 경보하는 검지기의 수치
가연성 가스 : 폭발하한의 1/4 이하
독성 가스 : TLV-TWA의 기준농도 이하

2

아래 ①, ② 배관의 명칭을 쓰시오.

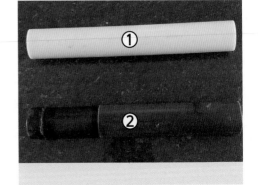

 ① 가스용 폴리에틸렌관
② 폴리에틸렌 피복강관

102   가스기능사 실기

3

LP가스 연소기구이다. 연소기구가 갖추어야 할 조건 3가지를 쓰시오.

 ① 가스를 완전연소시킬 수 있을 것
② 열을 유효하게 이용할 수 있을 것
③ 취급이 간편하고 안정성이 있을 것

4

가스 라이터에서 상부에 빈 공간이 있어야 하는 이유를 쓰시오.

 온도 상승 시 액팽창으로 인한 파손방지를 위하여 안전공간이 있어야 한다.

5

동영상의 융착이음 방식의 명칭을 쓰시오.

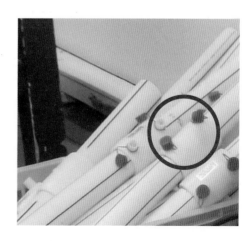

 소켓융착

6

LP가스 이송방법 ①, ②를 쓰시오.

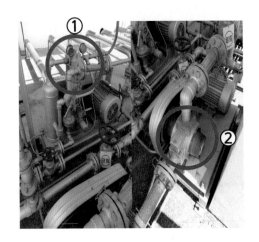

 ① 압축기에 의한 이송
② 액펌프에 의한 이송

 ① 사방밸브가 있으므로 잔가스 회수가 가능한 압축
기에 의한 이송
② 베인펌프이므로 펌프에 의한 이송

7

공기보다 무거운 가스(LP가스, 염소 등)를 사용하는 가스검지기이다. 지면에서의 설치 높이는?

 지면에서 검지기 상단부까지 30cm 이내

8

LP가스 자동차 용기에 85% 이상 충전을 방지하기 위하여 설치된 장치의 명칭은 무엇인가?

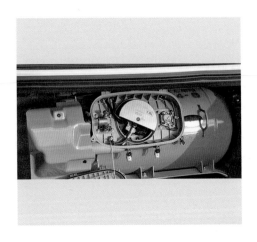

 과충전방지장치

9

다음 동영상에서 표시된 황색 두줄 띠의 의미는 무엇인가?

 가스배관임을 표시

10

독성가스 누설검사 후 흰연기인 염화암모늄(NH_4Cl)이 발생하였다. 이 용기의 (1) 가스 명칭, (2) 누설검지에 사용된 가스는?

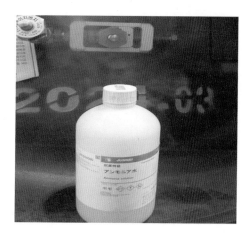

 (1) 염소(Cl_2)
(2) 암모니아(NH_3)

1

도시가스 사용시설의 계량기이다. 물음에 답하여라.
(1) 전기계량기, 전기개폐기와의 이격거리는?
(2) 단열조치 하지 않은 굴뚝과의 이격거리는?
(3) 단열조치 하지 않은 전선과의 이격거리는?

 (1) 60cm 이상
(2) 30cm 이상
(3) 15cm 이상

2

가스용 염화비닐호스에서 1종, 2종, 3종의 안지름
규격(mm)을 쓰시오.

 1종 : 6.3mm
2종 : 9.5mm
3종 : 12.7mm

3

LPG 탱크로리에 정차 시 설치해야 하는 자동차 정
지목은 탱크 용량 몇 L 이상 시 설치하여야 하는가?

🔧 **해답** 5000L 이상

4

펌프, 압축기가 설치된 액화석유가스 전용 운반 자
동차이다. 이 자동차의 명칭은 무엇인가?

🔧 **해답** 벌크로리

🔧 **해설** 벌크로리 : 소형저장탱크 및 저장능력 10톤 이하 탱
크에 액화석유가스를 공급하기 위하여 펌프 압축기
가 부착된 자동차에 고정된 탱크

5

LPG 탱크로리의 폭발방지장치의 글자 크기는?

🔧 **해답** 가스명칭(LPG)의 $\frac{1}{2}$ 이상

6

다음은 고압가스 배관이다. 가연성·독성 가스 배관이 설치될 수 없는 장소 1가지를 쓰시오.

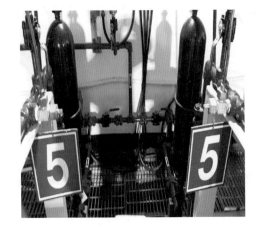

해답 건축물의 기초 및 환기가 잘 되지 않는 장소

7

탱크로리의 LPG 글자 크기는?

해답 탱크 직경의 $\frac{1}{10}$ 이상

8

고압가스 배관에서 신축이음 설치 시 신축량 계산공식을 쓰시오.

 해답 신축량 = $L\alpha \varDelta t$
L : 관의 길이, α : 선팽창 계수, $\varDelta t$: 온도차

9

다음 계량기의 (1) 명칭, (2) 기능 3가지를 쓰시오.

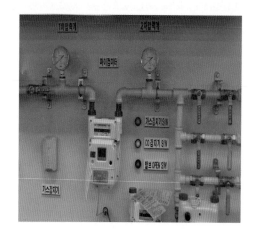

 해답 (1) 다기능 가스안전계량기
(2) ① 미소유량 검지기능
② 연속사용 차단기능
③ 압력저하 차단기능

10

동영상의 보호포에 대하여 색깔에 의한 용도 (1), (2)를 구별하여라.

(1)

(2)

 해답 (1) 황색 : 저압관 매설 시 사용하는 보호포
(2) 적색 : 중압 이상의 관 매설 시 사용하는 보호포

1

동영상의 아크용접 방법의 (1) 명칭, (2) 용접의 이유
를 쓰시오.

 (1) TiG 용접(불활성 가스 아크용접)
　　(2) 비파괴검사의 시행을 위하여

2

지시부분은 도시가스 정압기실의 SSV이다.
① SSV란 무엇인지 쓰시오.
② 표시 부분의 명칭은?

 ① 긴급차단장치
　　② 이상압력통보설비

3

초저온 탱크에 설치되어 있는 지시부분 액면계의 명칭을 쓰시오.

 차압식 액면계

4

동영상의 액화산소 용기에 설치되어 있는 안전밸브의 명칭 ①, ②를 1차, 2차로 구분하고 그 형식을 쓰시오.

 ① 1차 : 스프링식
② 2차 : 파열판식

5

동영상 도시가스 사용시설 가스계량기에서
(1) 계량기의 설치 높이는?
(2) 단열조치를 하지 않은 굴뚝, 콘센트와 이격거리는?
(3) 전기계량기, 전기개폐기와 이격거리는?
(4) 절연조치를 하지 않은 전선과 이격거리는?

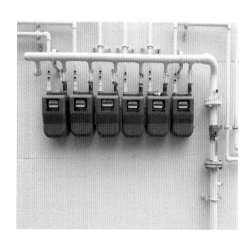

 (1) 바닥에서 1.6m 이상 2m 이내
(2) 30cm 이상
(3) 60cm 이상
(4) 15cm 이상

6

동영상의

(1) 시설물의 명칭은?

(2) 행정거리를 $\frac{1}{2}$로 줄이면 피스톤 압출량 변화값은?

 (1) 왕복압축기 (2) $\frac{1}{2}$로 줄어든다

 왕복압축기의 피스톤 압출량

$$Q = \frac{\pi}{4} D^2 \times L \times N \times \eta \times \eta v \times 60$$

Q : 피스톤 압출량(m³/hr)　　D : 실린더 내경(m)

L : 행정(m)　　　　　　　　N : 회전수(rpm)

η : 기통수　　　　　　　　ηv : 최적효율

＊행정을 $\frac{1}{2}$로 감소 시 피스톤 압출량도 $\frac{1}{2}$로 감소한다.

7

동영상은 정압기실의 RTU(원격단말감시장치)이다. 내부에 구성되어 있는 중대요소 (1), (2), (3)의 명칭과 그 역할을 기술하여라.

(1)

(2)　　　　　　　　(3)

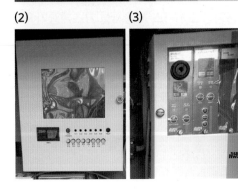

(1) 출입문개폐 통보장치 : 관계자 이외의 외부인이 정압기 문을 개방 시 상황실에 통보하여 주는 장치

(2) ups : 정전 시 전원을 공급, 설치되어 있는 가스 기구들이 정상작동하도록 전원을 공급하여 주는 장치

(3) 가스누설 경보기 : 정압기실 내 가스 누설 시 경보하여 주는 장치

8

동영상 가스계량기의 (1) 명칭, (2) 사용처 3가지를 쓰시오.

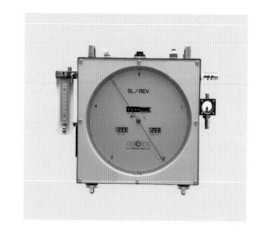

 (1) 습식 가스미터
(2) 기준 가스미터용, 실험실용, 연구실용

9

LP가스 이·충전 시 사용하는 로딩암에서 ①, ②를 액관, 기체관으로 구별하여라.

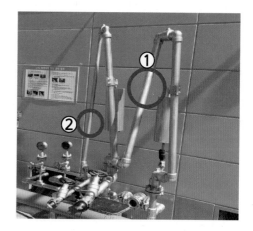

 ① 액관, ② 기체관

 굵은 관 : 액체관
가는 관 : 기체관

10

가스용 폴리에틸렌관에서 (1) SDR 값은 무엇인지 쓰고, (2) SDR 값에 따른 압력의 값 ①, ②, ③을 쓰시오.

SDR	압력(MPa)
11 이하(1호관)	①
17 이하(2호관)	②
21 이하(3호관)	③

 (1) $SDR = \dfrac{외경(D)}{최소두께}$

(2) ① 0.4MPa, ② 0.25MPa, ③ 0.2MPa

1

LPG 용기저장소의 용기저장 시 안전관리사항을 2가지 이상 쓰시오.

 해답
① 충전용기는 40℃ 이하를 유지할 것
② 충전용기 잔가스용기는 구분 보관할 것
③ 용기보관실에는 계량기 등 작업에 필요한 물건 이외에는 두지 않을 것

2

동영상 속 밸브의 명칭을 쓰시오.

 해답   릴리프밸브

3

도시가스 사용시설의 배관 자기압력기록계로 기밀
시험 시 내용적에 따른 기밀시험 유지시간 ①, ②, ③
을 쓰시오.

내용적	기밀시험 유지시간(분)
10L 이하	①
10L 초과 50L 이하	②
50L 초과	③

 ① 5분, ② 10분, ③ 24분

 기밀시험용 가스 : 공기 또는 불활성 가스
도시가스 사용시설 기밀시험압력 : 최고사용압력의
1.1배 또는 8.4kPa 중 높은 압력

4

(1) ①, ② 조정기의 명칭을 쓰시오.
(2) ②에 해당하는 아래 물음에 답하시오.
　가. 조정압력(kPa)은?
　나. 최대폐쇄압력(kPa)은?

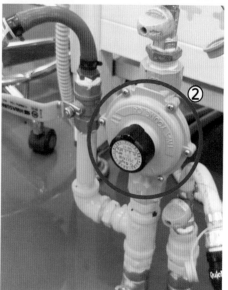

 (1) ① 자동교체조정기
　　　② 1단 감압식 저압조정기
　(2) 가. 2.3~3.3kPa
　　　나. 3.5kPa

5

위험장소에 따른 방폭구조의 종류이다. ①, ②, ③에 해당되는 위험장소를 쓰시오.

방폭구조	위험장소
본질안전방폭구조	①
내압, 압력, 유입, 본질안전방폭구조	②
내압, 압력, 유입, 안전증, 본질안전방폭구조	③

해답 ① 0종, ② 1종, ③ 2종

6

다음 A, B 두 저장탱크의 이격거리(m)는? (단, 물분무장치는 없는 것으로 한다)

A : 4m   B : 6m

해답 $(4+6)\times\frac{1}{4}$ = 2.5m 이상

7

가연성 가스의 저장능력이 15ton일 때 병원과의 이격거리는 몇 m 이상인가?

해답 21m 이상

해설 병원은 1종 보호시설이므로

저장능력	1종	2종
10t 이하	17m	12m
10t 초과 20t 이하	21m	14m
20t 초과 30t 이하	24m	16m
30t 초과 40t 이하	27m	18m
40t 초과	30m	20m

8

왕복압축기에서 압축기의 실린더에 이상음 발생 시 그 원인 3가지를 쓰시오.

 ① 실린더와 피스톤의 접촉
② 실린더에 이물질 혼입
③ 피스톤링 마모

9

가스 배관의 고정장치 간격에 대하여 쓰시오.
(1) 관경 13mm 미만
(2) 관경 13mm 이상 33mm 미만
(3) 관경 33mm 이상

 (1) 1m마다, (2) 2m마다, (3) 3m마다

10

독성 가스 용기를 운반 시 주의사항을 2가지 이상 쓰시오 .

 ① 충전용기를 운반 시 적재함에 세워서 운반할 것
② 독성 가스 중 가연성·조연성 가스는 같이 적재 운반하지 말 것
③ 운반 중 충전용기는 40℃ 이하를 유지할 것
④ 충전용기를 싣거나 내릴 때 충격을 방지하기 위하여 완충판을 갖출 것

1

LPG 기화기 상부 지시부분의 (1) 명칭을 쓰고, (2) 작동압력을 쓰시오.(단, 상용압력은 2MPa이다)

 해답 (1) 스프링식 안전밸브

(2) $2 \times 1.5 \times \dfrac{8}{10} = 2.4MPa$

2

공기액화분리장치에서 제조된 가스를 저장하는 초저온 탱크이다.

(1) 공기액화 시 액화의 순서를 쓰시오.

(2) 공기액화분리장치에서 불순물의 종류 2가지를 쓰시오.

(3) 공기액화분리장치에서 불순물의 영향을 쓰시오.

해답 (1) O_2, Ar, N_2

(2) 수분, CO_2

(3) 수분은 얼음, CO_2는 드라이아이스가 되어 장치 내를 폐쇄시킨다.

3

고압가스 운반차량의 적색삼각기이다. 독성 가스 용기 운반 시 적색 삼각기에 표시하는 문구를 쓰시오.

 위험 고압가스 독성 가스

4

다음 표지판 (1), (2)의 설치간격을 쓰시오.(제조소 공급소 밖에 설치되어 있는 표지판이다)

 (1) 500m마다
(2) 200m마다

 (1) 가스도매사업자 가스배관 표지판 : 가스공사
(2) 일반도시가스사업자 가스배관 표지판 : 주식회사 ○○도시가스

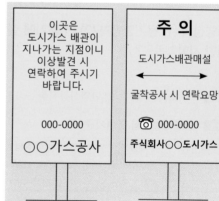

(1)

이곳은
도시가스 배관이
지나가는 지점이니
이상발견 시
연락하여 주시기
바랍니다.

000-0000

○○가스공사

(2)

주 의

도시가스배관매설

굴착공사 시 연락요망

☎ 000-0000

주식회사○○도시가스

5

다음 방폭구조의 명칭은?

oil

점화원

 유입방폭구조

6

LP가스 이·충전 시 사용되는 펌프이다. 펌프로 이
송 시 단점 3가지를 쓰시오.

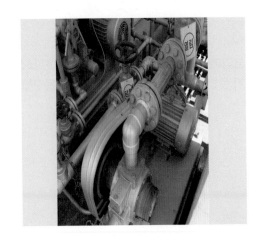

 ① 충전시간이 길다.
② 잔가스회수가 불가능하다.
③ 베이퍼록의 우려가 있다.

7

동영상의 (1) 용기명칭과 (2) 이 용기에 실시하는 유
일한 시험항목은?

 (1) 초저온 용기, (2) 단열성능시험

 단열성능시험 합격기준

내용적	침입열량
1000L 이상	0.002kcal/hr℃L 이하
1000L 미만	0.0005kcal/hr℃L 이하

8

동영상의 소형 저장탱크에서
(1) 동일장소에 설치하는 소형 저장탱크의 개수는?
(2) 그때의 충전질량의 합계(kg)는 각각 얼마인가?

 (1) 6기 이하
(2) 5000kg 미만

9

가스 배관에 표시하여야 하는 사항 ①, ②, ③을 쓰시오.

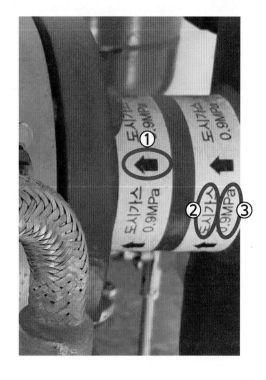

 해답 ① 가스 흐름 방향
② 사용가스명
③ 최고사용압력

10

0종 장소에 설치되어야 하는 방폭구조의 종류는?

해답 본질안전방폭구조

1

동영상의 LPG 용기의 V가 47L일 때 충전량(kg)은?
(단, 상수 C : 2.35이다)

해답 $W = \dfrac{V}{C} = \dfrac{47}{2.35} = 20\text{kg}$

2

밸브에 표시되어 있는 LG의 의미를 쓰시오.

해답 LPG 이외에 액화가스를 충전하는 용기의 부속품

3

동영상의 2단 감압식의 장점 4가지를 쓰시오.

 해답 ① 최종압력이 정확하다.
② 중간배관이 가늘어도 된다.
③ 관의 입상에 의한 압력손실이 보정된다.
④ 각 연소기구에 알맞은 압력으로 공급이 가능하다.

(1)   (2)

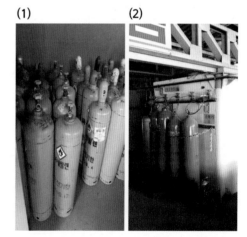

4

다음 (1), (2) 용기의 명칭을 쓰시오.

 해답 (1) 아세틸렌
(2) CO_2

5

동영상의 도시가스 배관에 표시사항 2가지가 빠져
있다. 그 2가지를 쓰시오.

 해답 가스배관에 황색띠를 30cm 간격으로 두 줄 감고,
사용가스명, 최고사용압력, 가스의 흐름방향 등이
표시되어야 한다.

6

동영상의 보호상자 내에 있는 가스계량기의 (1) 설치 높이(m)와 (2) 이와 같은 설치높이를 유지할 수 있는 경우를 2가지 더 쓰시오.

 (1) 바닥에서 2m 이내
(2) ① 가스계량기를 기계실 내 설치한 경우
　　 ② 가정용을 제외한 보일러실에 설치한 경우
　　 ③ 문이 달린 파이프 덕트 내 설치한 경우

7

정압기의 안전밸브에서 입구측 압력이 0.5MPa 미만 시 설계유량에 따른 방출관의 크기 2가지를 쓰시오.

 설계유량 1000Nm³/hr 미만 : 25A 이상
설계유량 1000Nm³/hr 이상 : 50A 이상

8

도시가스 공급시설 정압기실의 분해점검 주기는?

 2년 1회 이상

9

다음 밸브의 명칭을 쓰시오.

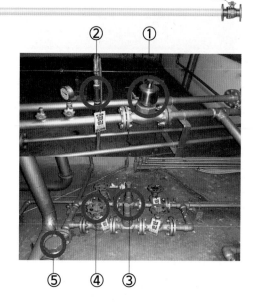

 해답
① 긴급차단밸브
② 스프링식 안전밸브
③ 릴리프밸브
④ 글로브밸브
⑤ 역지밸브

10

1단 감압 방식의 장단점 2가지를 쓰시오

 해답
장점 : 장치가 간단하다. 조작이 간단하다.
단점 : 최종압력이 부정확하다. 배관이 굵어진다.

1

동영상의 입상밸브 설치높이는?

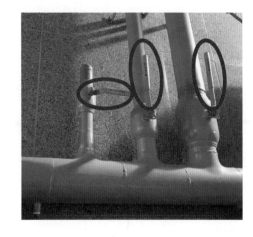

해답 바닥에서 1.6m 이상 2m 이내

2

동영상 살수장치에서 살수관 구멍의 직경(mm)은?

해답 4mm 이상

3

동영상의 충전용기와 잔가스용기 사이에 떨어져야
할 거리는 몇 m인가?

해답 1.5m 이상

4

도시가스 배관을 지하에 매설 시 다른 시설물과 이
격거리는?

해답 30cm 이상

5

LP 가스배관을 맞대기 용접 시 시공가능 호칭경의
기준은?

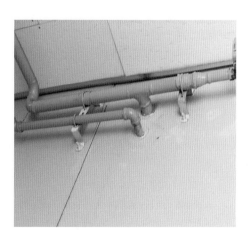

해답 50A 초과

6

도시가스 배관을 도로에 설치 시 도로가 평탄한 경우의 기울기는?

 $\dfrac{1}{500} \sim \dfrac{1}{1000}$

7

동영상의 (1) 명칭, (2) 새·쥐 등이 들어가지 않도록 직경은 어느 정도 되어야 하는가?

 (1) 방조망
(2) 16mm 이상

8

동영상의 보일러는 전용 보일러실에 설치하지 않아도 되는 보일러이다. 이러한 보일러의 종류를 3가지 쓰시오.

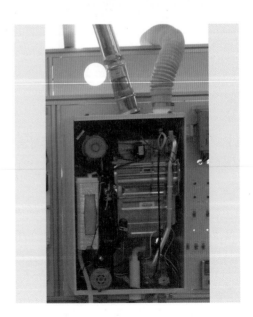

 ① 밀폐식 보일러
② 가스보일러를 옥외에 설치하는 경우
③ 전용급기통을 부착시키는 구조로서 검사에 합격한 강제식 보일러

 동영상의 보일러는 급기통 배기통이 보일러 상부에 설치되어 있는 FF(강제급배기식 밀폐식 보일러)이다.

 FE(반밀폐형 강제배기식)
하부에 급기구, 상부에 환기구, 보일러 상부에 배기통이 설치되어 있다.

9

방폭전기기기 설치에 사용되는 정션박스, 풀박스 접
속함은 어떠한 구조로 시공되어야 하는가?

 내압방폭구조, 안전증방폭구조

10

(1)

전기방식법 중 직류전철 등에 따른 누출전류의 영향
이 없는 경우 사용되는 (1), (2)의 전기방식법은?

 (1) 외부전원법
　　　(2) 희생양극법

 (1) 방식정류기를 사용한 전기방식법
　　　(2) 양극의 금속으로 한 전기방식법

참고　직류전철의 누출 우려가 있을 때는 배류법을 사용하되
　　　방식효과가 충분하지 않을 때는 외부전원법과 희생양
　　　극법을 병용하여 사용한다.

(2)

1

방폭전기기기 결합부의 나사류를 외부에서 쉽게 조작함으로써 방폭 성능을 손상시킬 우려가 있는 드라이버, 스패너 등의 일반공구로 조작할 수 없도록 한 구조를 무엇이라 하는가?

해답 자물쇠식 죄임구조

2

도시가스용 압력조정기의 최대유량을 통과 시 합격 유량범위는?

해답 ±20% 이내

3

동영상의 LPG 용기는 2단으로 쌓여 있다. 2단으로 쌓여 있는 용기의 내용적은 얼마이어야 하는가?

 30L 미만

4

산소를 충전 시 주의사항 3가지를 쓰시오.

 ① 사용윤활유는 물 10% 이하 글리세린수를 사용할 것
② 가연성 패킹은 사용하지 말 것
③ 석유류, 유지류 접촉에 주의할 것

5

(1)　　　　　(2)

LPG 자동차 충전기의 디스펜서에서 표시부분의 명칭은?

 (1) 세이프티커플러
(2) 퀵커플러

 (1) 세이프티커플러 : 충전 호스에 과도한 인장력이 가해졌을 때 충전기와 충전 호스가 분리되는 역할
(2) 퀵커플러 : 가스 호스를 원터치로 탈착이 가능하도록 하는 가스기구

6

옥외에 가스계량기 설치 시 일반적인 주의사항 4가지를 쓰시오.

 ① 화기와 2m 떨어진 장소에 설치할 것
② 직사광선, 빗물을 받지 않도록 격납상자에 설치할 것
③ 통풍이 양호한 장소일 것
④ 절연조치를 하지 않은 전선과 15cm 이상 떨어질 것

7

동영상의 배관에서 표시된 SCH의 의미를 쓰시오.

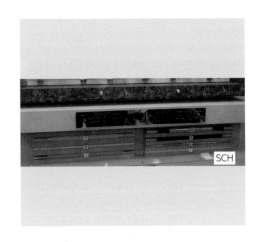

 배관의 두꺼운 정도를 나타내는 기호로서 숫자가 클수록 두꺼움을 의미한다.

8

정압기실에서 표시부분의 (1) 명칭, (2) 역할을 쓰시오.

 (1) 차압계
(2) 여과기 내의 불순물 축적 여부를 판단

9

LP가스 누설검지기의 설치위치는 바닥에서 몇 cm
이내인가?

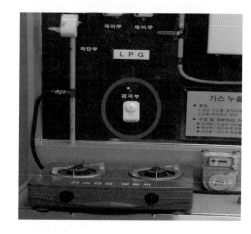

 지면에서 검지기 상단부까지 30cm 이내

10

동영상은 ㄷ자로 가공한 방호강판제 방호파이프이다.
(1) 파이프의 관경(A)은 얼마 이상이어야 하는가?
(2) 야간식별가능 조치사항 2가지를 쓰시오.
(3) 배관에 특별히 조치하여야 하는 작업은 무엇인가?

 (1) 50A 이상
　　　　(2) 야광테이프, 야광페인트로 식별할 수 있게 하여
　　　　　　야 한다.
　　　　(3) 부식방지조치

1

배관의 표시기호

(1) SPPG, SPP의 의미를 쓰시오.

(2) 표시된 ①, ② 배관의 명칭을 쓰시오.

해답 (1) SPPG : 연료용 가스배관용 강관

　　　 SPP : 배관용 탄소강관

　　(2) ① 가스용 폴리에틸렌관

　　　　② PLP(폴리에틸렌 피복)강관

2

도시가스용 압력조정기에서 2차 압력을 감지하여 메인밸브에 전달하는 부분은?

해답 다이어프램

3

공기액화분리장치에서 즉시 운전을 중지하여 액화 산소를 방출하여야 하는 경우 2가지를 쓰시오.

 ① 액화산소 5L 중 아세틸렌의 질량이 5mg 이상인 경우
② 액화산소 5L 중 탄화수소 중의 탄소의 질량이 500mg 이상인 경우

4

지하에 설치되어 있는 저장능력 25t의 LPG 탱크에 지상점검구가 몇 개 설치되어 있어야 하는가?

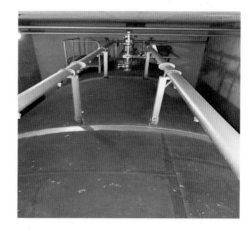

 2개

 저장능력 20t 이하 : 점검구 1개
저장능력 20t 초과 : 점검구 2개

5

동영상은 사용자 시설의 도시가스 정압기이다.
(1) 설치 후 분해점검 주기는?
(2) 첫번째 분해점검 후 그 다음의 분해점검 주기는?

 (1) 3년 1회
(2) 4년 1회

6

LPG 탱크에서 내진설계로 시공을 하여야 하는 저장
능력은 몇 톤 이상인가?

해답 3t 이상

7

동영상은 배관의 신축이음 중 신축곡관(벤트, 파이프)
이다. 압력이 2MPa 이하인 배관에 신축곡관 사용 곤
란 시 사용되는 신축이음 종류 2가지를 쓰시오.

해답 벨로즈형, 슬라이드형

8

LPG 탱크를 지하에 설치 시 저장탱크실의 (1) 설계
강도(MPa)와 (2) 물과 시멘트비(%)는?

해답 (1) 21MPa 이상
(2) 50% 이하

9

동영상의 가스 시설물에 대하여 답하시오.
(1) 명칭은 무엇인가?
(2) 각 가스 종류별로 이러한 시설물을 설치하여야
   하는 탱크의 저장능력을 쓰시오.
   ① 액화산소, ② 가연성 가스, ③ 독성 가스
(3) 배수밸브의 역할과 평소의 닫힘, 열림 상태를 말
   하여라.

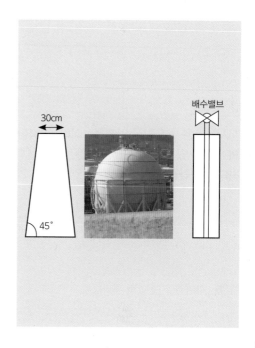

 (1) 방류둑
   (2) ① 1000t 이상, ② 1000t 이상, ③ 5t 이상
   (3) 배수밸브는 빗물이나 이물질을 방류둑 밖으로
      배출시키기 위한 것으로서 평소에는 닫혀 있어
      야 한다.

10

동영상은 차량고정탱크(탱크로리)이다. 정전기 제거
를 위한 설비에 대하여 다음에 답하여라.
(1) 접지접속선의 단면적(mm²)은?
(2) 피뢰설비가 있을 때 접지저항치 총합(Ω)은?
(3) 피뢰설비가 없을 때 접지저항치 총합(Ω)은?

 (1) 5.5mm²
   (2) 10Ω 이하
   (3) 100Ω 이하

1

지시부분은 스프링식 안전밸브이다. 급격한 압력상승
의 우려가 있는 곳에 스프링식 안전밸브 설치가 부적당
하다고 생각될 때 사용하는 안전장치 종류 2가지는?

해답 파열판, 자동압력 제어장치

2

동영상의 전기방식법은?

해답 희생양극법

3

동영상의 압력계에서 기능검사 주기를 쓰시오.
(1) 충전용 주관의 압력계
(2) 그 밖의 압력계

 (1) 매월 1회
(2) 3월 1회

4

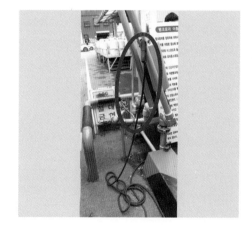

LPG 이·충전 시 사용되는 로딩암에서 표시된 전선의 (1) 명칭과 (2) 단면적은?

 (1) 접지접속선
(2) 5.5mm² 이상

5

동영상은 LNG 저장탱크이다. LNG 생산기지의 설비종류 중 필요없는 설비를 아래에서 모두 고르시오.

| 히터설비, 기화기, 저장탱크, 계량설비, 부취설비 |

 계량설비

6

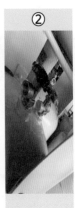

동영상의 용기 ①, ②, ③에서
(1) 충전구 나사의 형식을 A, B, C로 구분하여라.
(2) 충전구 나사형식을 가스 종류에 따라 왼나사, 오른
나사로 어떻게 구분하는가?

 (1) ① A형 ② B형 ③ C형
(2) 암모니아와 브롬화메탄을 제외한 가연성은 왼나
사, 암모니아와 브롬화메탄을 포함하여 가연성
가스가 아닌 것은 오른나사

 A형 : 충전구 나사 – 숫나사
B형 : 충전구 나사 – 암나사
C형 : 충전구 나사 – 없음

7

V가 800L인 초저온 액화산소 용기에서 200kg 충
전 후 10시간 방치 시 150kg이 남았을 때 단열성능
시험의 합격기준을 쓰시오(단, 기화잠열 51kcal/kg,
외기온도 20℃, 액화산소의 비점은 –183℃이다).

 $Q = \dfrac{W \cdot q}{H \cdot \Delta t \cdot V} = \dfrac{(200-150) \times 51}{10 \times (20+183) \times 800}$

$= 0.00157 kcal/hr℃L$

$\therefore 0.0005 kcal/hr℃L$을 초과하였으므로 불합격이다.

 단열성능시험의 합격기준

내용적	침입열량
1000L 이상	0.002kcal/hr℃L 이하
1000L 미만	0.0005kcal/hr℃L 이하

8

LPG 용기에서 C_3H_8이 1m³ 연소 시 필요공기량을 반응식으로 계산하여라(단, 공기 중 산소는 20%로 한다).

 $C_3H_8 + 5O_2 \rightarrow 3CO_2 + 4H_2O$
　　　1m³　　5m³

∴ $5 \times \dfrac{100}{20} = 25m^3$

9

동영상은 펌프를 구동하는 전동기(모터)이다. 과부화 원인 4가지를 쓰시오.

 ① 임펠러 이물질 흡입 시
② 양정, 유량 증가 시
③ 액점도 증가 시
④ 모터 손상 시

10

하부에 급기구, 상부에 환기구가 있어야 하는 가스 보일러의 형식은 무엇인가?

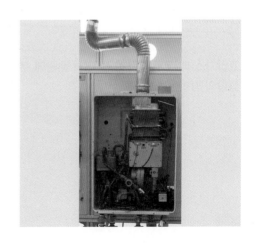

 FE(강제배기식 반밀폐형)

 FF식인 경우 보일러 상부에 급기구와 배기통이 모두 있어야 한다.

1

지상의 LPG 탱크에서 탱크 정상부까지 지면에서 4m이면 가스방출관의 설치위치는 지면에서 몇 m 이상인가?

 지면에서 6m 이상

 가스방출관의 설치위치
지면에서 5m 이상, 탱크 정상부에서 2m 중 높은 위치

2

고압가스 배관에 압력계 설치 시 배관에 부착하는 접합의 방법은?

 용접접합

3

C₂H₂ 용기에서 용기파열을 방지하기 위하여 필요한
장치 1가지를 쓰시오.

해답 살수장치

4

동영상의 독성가스 용기에서
(1) 용기의 명칭은?
(2) 중화제 종류 3가지를 쓰시오.
(3) 충전 시 어떠한 장치를 갖추어야 하는가?

해답 (1) 염소
(2) 가성소다수용액, 탄산소다수용액, 소석회
(3) 경보장치와 연동된 과충전방지장치

5

고압가스 배관에 누설유무를 측정 시 기밀시험압력은?

해답 상용압력 이상

6

독성 가스를 취급하는 독성 가스 설비에서
(1) ① 보호구의 종류와 ② 보호구 장착 훈련 주기를 쓰시오.
(2) 동영상의 보호구 명칭은 무엇인가?

(1)

(2)

해답 (1) ① : 공기호흡기, 방독마스크, 보호복, 보호장화
　　　　② : 3개월에 1회 이상
　　　(2) 송기식 마스크

7

고압가스탱크의 내부 점검 시 내부가스를 치환하여
야 한다. 단, 치환을 하지 않고 작업을 하여도 되는
경우를 2가지 이상 쓰시오.

해답 ① 사람이 설비 밖에서 작업 시
　　　② 화기를 사용하지 않는 작업 시
　　　③ 설비의 간단한 청소 및 경미한 작업일 때

8

C_2H_2의 용기에 대하여 물음에 답하여라.
(1) 카바이드와 물을 혼합시키는 장치의 명칭은?
(2) 가스청정기에서는 아세틸렌의 불순물을 제거하여야 한다. 불순물의 종류 3가지는?

 (1) 가스발생기
(2) 카타리솔, 리가솔, 에퓨렌

9

가스제조설비에서 가연성 가스를 연소시키는 탑이다.
(1) 이 설비의 명칭은?
(2) 이때의 복사열을 단위와 함께 쓰시오.

 (1) 플레어스택
(2) $4000kcal/m^2h$

10

동영상의 (1) 전기방식법의 명칭과 (2) T/B(전위측정용 터미널 설치 시) 설치간격을 쓰시오.

방식정류기

 (1) 외부전원법
(2) 500m마다

1

최고충전압력이 2MPa인 액체산소 용기의 안전밸브
작동압력은?

해답 $2 \times \dfrac{5}{3} \times \dfrac{8}{10} = 2.666 = 2.67MPa$

2

LPG 2.9t의 소형 저장탱크에 선임할 수 있는 안전
관리자의 자격요건을 쓰시오.

해답 가스기능사 이상 또는 일반시설 안전관리 양성교육
이수자

3

다음 용기의 (1) 재질을 쓰고 (2) C, P, S의 함유량을
쓰시오.

 (1) 탄소강
(2) C : 0.33% 이하, P : 0.04% 이하, S : 0.05% 이하

 무이음 용기일 경우
C : 0.55% 이하, P : 0.04% 이하, S : 0.05% 이하

4

액화질소 탱크에서 밀도가 0.809g/cm³이면 1kg
기화 시의 체적을 계산하여라.

 $\dfrac{1}{28} \times 22.4 = 0.8\text{m}^3 = 800\text{L}$

∴ $800 \times 0.809 = 647$배

5

강판제 방호벽의 종류 2가지와 그때 강판의 두께
(mm)를 쓰시오.

 ① 박강판 : 3.2mm 이상
② 후강판 : 6mm 이상

6

다음 용기의 장점을 쓰시오.

 ① 경제적이다.
② 모양치수가 자유롭다.
③ 두께공차가 적다.

 용접용기의 장점이다.

 • 용접용기 동판의 최대두께, 최소두께의 차이는 평균
두께 10% 이하
• 무이음 용기 동판의 최대두께, 최소두께의 차이는 평균두께의 20% 이하

7

동영상에서 (1) 전기방식법의 명칭과 (2) 이때 설치되는 T/B(전위측정용 터미널)의 간격을 쓰시오.

(1)

(2)

 (1) 희생양극법
(2) 300m마다

8

FE방식의 반밀폐형 보일러에서 배기통의 입상 높이는 몇 m인가?

해답 10m 이하

9

C_2H_2 용기의 표시부분의 의미를 쓰시오.
① T_P : 4.5, ② F_P : 1.5, ③ T_W : 50, ④ V : 40

해답 ① 내압시험압력 4.5MPa
② 최고충전압력 1.5MPa
③ 용기질량+다공물질+용제 및 밸브부속품을 포함한 질량 50kg
④ 내용적 40L

10

LNG 탱크에 사용되는 보냉제의 종류 3가지를 쓰시오.

해답 ① 경질우레탄폼
② 펄라이트
③ 폴리염화비닐폼

1

표시부분은 LPG 탱크시설에 설치된 가스 관련 시설물이다.
(1) 시설물의 명칭을 쓰시오.
(2) 그 역할을 쓰시오.

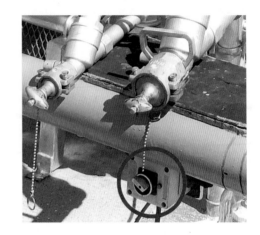

 (1) 방폭형 접속금구
(2) LPG 이·충전 시 발생 정전기 제거와 그로 인한 폭발을 방지함

2

LPG 자동차 용기에서 표시부분의 명칭을 쓰시오.

 ① 충전밸브
② 액체출구밸브
③ 기체출구밸브
④ 긴급차단솔레노이드밸브

3

독성 가스 용기를 운반하는 가스 운반 차량이다. 현재 운반용기는 TLV-TWA 1ppm인 염소가스이다. 함께 운반 불가능한 가스의 종류를 3가지 쓰시오.

해답 ① 아세틸렌, ② 수소, ③ 암모니아

4

다음 용기 (1), (2)의 명칭을 쓰고 충전구 나사형식 (오른나사, 왼나사)을 쓰시오.

(1)   (2)

해답 (1) 아세틸렌(왼나사)
(2) 암모니아(오른나사)

5

동영상의 가스시설물의 (1) 명칭을 쓰고, (2) 지하매설배관과 보호판과의 이격거리, (3) 보호판과 이 시설물의 이격거리를 쓰시오.

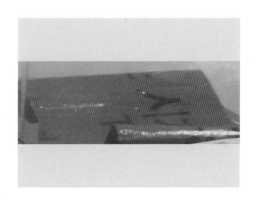

해답 (1) 중압보호포
(2) 30cm 이상
(3) 30cm 이상

6

동영상에서 지시하는 호스의 길이는?

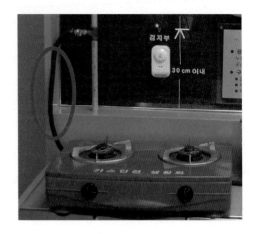

 3m 이내

7

초저온 용기 상부 각각의 명칭을 쓰시오.

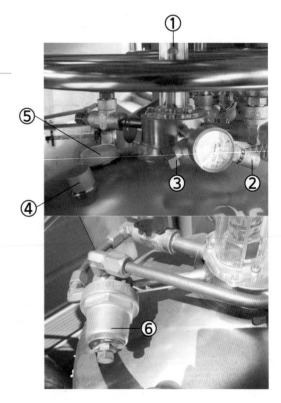

 ① 액면계
② 1차 스프링식 안전밸브
③ 2차 파열판식 안전밸브
④ 진공작업구
⑤ 외조파열판
⑥ 승압조정기

8

다음 동영상이 보여주는 용기의 안전밸브 형식은?

 파열판식

9

LPG 판매시설 용기보관실의 (1) 면적(m²), (2) 보관실 주위 부지확보 면적(m²)을 쓰시오.

 (1) 19m²
(2) 11.5m²

10

NH₃ 가스 저장실 ①, ②, ③의 명칭을 쓰시오.

 ① 가스검지기
② 살수장치
③ 방호벽

1

동영상은 LPG 저장소이다. 지붕의 재질을 쓰시오.

 가벼운 불연성 재료

 용기보관실의 벽은 방호벽, 보관실은 불연성, 재료
지붕은 가벼운 불연성 재료로 한다.

2

다음 습식 가스계량기의 (1) 장점, (2) 단점, (3) 용도
를 각각 2가지 쓰시오.

 (1) ① 계량이 정확하다.
② 기차변동이 적다.
(2) ① 설치면적이 크다.
② 사용 중 수위조정이 필요하다.
(3) ① 기준기용
② 실험실용

3

공기보다 가벼운 도시가스 사용시설에서 검지기의 설치위치는?

 천장에서 검지기 하부까지 30cm 이내

4

충전질량 1000kg인 소형 저장탱크의 가스충전구에서 건축물 개구부까지 이격거리(m)는?

 3m 이상

해설 소형 저장탱크 건물물 개구부 이격거리
  1000kg 미만 : 0.5m 이상
  1000kg 이상 2000kg 미만 : 3m 이상
  2000kg 이상 : 3.5m 이상

5

맞대기 융착에서 (   )에 적당한 단어를 쓰시오.

면취기 장착 – 배관 고정 및 면취 – 접합부 손실 –
(①) – (②)

 ① 가열용융공정
  ② 압착냉각공정

6

다음 가스기구의 (1) 명칭, (2) 역할을 쓰시오.

 해답 (1) 역화방지기
(2) 불꽃의 역화를 방지

7

고압가스 운반차량에 표시되어 있는 경계표시의 가로, 세로의 규격을 쓰시오.

해답 가로 : 차폭의 30% 이상
세로 : 가로의 20% 이상

8

다음의 황색관(저압관), 적색관(중압관)에서 (1) 법상의 저압, (2) 중압의 압력(MPa)을 쓰시오.

 해답 (1) 0.1MPa(g) 미만
(2) 0.1MPa(g) 이상 1MPa(g) 미만

9

LPG 자동차 충전소에서 (1), (2)의 기구명칭은?

(1) (2)

 (1) 세이프티커플러
(2) 퀵커플러

10

동영상의 벌크로리에서 다음 물음에 답하여라.
(1) 벌크로리에 부착된 기기 명칭은?
(2) 벌크로리에 설치하여야 할 시설명은?
(3) 벌크로리를 2대 이상 보유했을 때 주차 위치 중
심설정 시 벌크로리 간 이격거리는?

 (1) 펌프 또는 압축기, (2) 유동방지시설, (3) 1m 이상

 벌크로리 : 소형 저장탱크 및 10톤 이하 탱크에 액
화석유가스를 공급하기 위하여 펌프, 압축기가 부착
된 자동차에 고정된 탱크

1

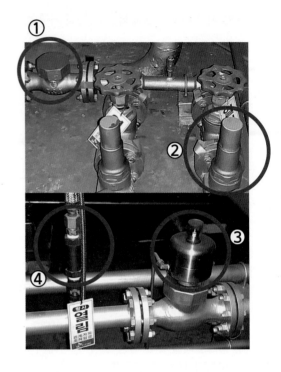

다음에서 설명하는 밸브의 명칭을 번호로 답하여라.
(1) 이상사태 발생 시 가스를 차단하여 피해의 확대
   를 막는 밸브
(2) 액관에 설치하여 고압상승 시 액가스를 흡입측
   으로 바이패스시켜 배관의 파열을 막는 밸브
(3) 액체의 역류를 방지하는 밸브
(4) 배관의 압력이 급상승시 작동하여 배관의 파열
   을 방지하는 안전밸브

 (1) – ③, (2) – ②, (3) – ①, (4) – ④

 (1) : 긴급차단밸브
   (2) : 릴리프밸브
   (3) : 역류방지밸브
   (4) : 스프링식 안전밸브

2

(1), (2), (3)에 해당하는 각 계량기의 명칭을 쓰시오.

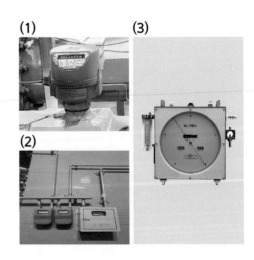

 (1) 터빈계량기
   (2) 막식계량기
   (3) 습식계량기

3

PE관 상부에 설치되어 있는 (1) 전선의 명칭, (2) 규격(mm²)을 쓰시오.

해답 (1) 로케팅와이어
(2) 6mm² 이상

4

도시가스 사용시설에 저압 압력조정기의 설치 가능 세대 수는?

해답 249세대

해설 250세대 미만 설치 가능하다.

5

(1), (2) 용기를 보고 가연성, 조연성으로 구별하여라.

(1)　　　　(2)

해답 (1) 가연성
(2) 조연성

6

강판제 방호벽에서
(1) 두께(mm)는?
(2) 높이(m)는?
(3) 두께 3.2mm로 시공 시 지주 사이에 용접보강하는 앵글 강의 규격은?

 해답 (1) 6mm 이상
(2) 2m 이상
(3) 30mm×30mm

7

다음 방폭구조의 명칭을 쓰시오.

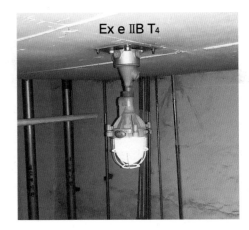

Ex e ⅡB T4

 해답 안전증방폭구조

8

LPG 이송 압축기에서 액화가스 유입방지를 위해 설치된 기구의 명칭은?

 해답 액트랩

9

다음 유량계의 (1) 명칭과 (2) 측정원리를 쓰시오.

 (1) 와류유량계
(2) 소용돌이 발생으로 유량을 측정

10

LPG 충전소에서 가스누설 검지 시 검지농도는?

 폭발하한의 $\frac{1}{4}$ 이하

1

지하에 배관이 매설되어 있는 경우의 표지판이다.
이 표지판의 설치 간격은?

 500m마다

 상기의 표지판은 가스도매사업자의 표지판이다.

2

LPG 용기에서 보여주는 자동교체식 조정기의 감압
방식은?

 2단 감압식

3

도시가스 정압기실에서 이상압력 상승 시 작동 정압기 실내에 위해가 발생하는 것을 방지하는 밸브의 종류 2가지를 쓰시오.

(1)   (2)

 (1) SSV(긴급차단밸브)
(2) 안전밸브

4

용기에 표시되어 있는 ① T_P, ② F_P, ③ V, ④ W의 의미를 쓰시오(단위 포함).

 ① T_P : 내압시험압력(MPa)
② F_P : 최고충전압력(MPa)
③ V : 용기 내용적(L)
④ W : 밸브, 부속품을 포함하지 아니한 용기질량(kg)

5

전기방식법 중 Mg, Zn 등의 양극금속을 이용한 전기방식법의 명칭을 쓰시오.

 희생양극법

6

LP가스 이송설비에서 ①, ②, ③의 명칭을 쓰시오.

 해답
① 액트랩
② 사방밸브
③ 전동기(모터)

7

도시가스 정압기실의 경계책 높이(m)는?

해답 1.5m 이상

8

동영상 속 계량기의 명칭을 쓰시오.

 해답 다기능 가스안전계량기

9

저압배관 보호포의 배관 정상부에서 각각의 이격거리를 쓰시오.
(1) 배관의 매설 깊이 1m 이상일 때
(2) 배관의 매설 깊이 1m 미만일 때
(3) 공동주택 부지 안일 경우

 (1) 60cm 이상, (2) 40cm 이상, (3) 40cm 이상

 보호포

① 두께 : 0.2mm 이상
② 폭 : 15cm 이상
③ 바탕색 : 최고사용압력 0.1MPa 미만 – 황색,
0.1MPa 이상 – 적색
④ 표시사항 : 가스명, 사용압력
⑤ 설치는 호칭지름에 10cm 더한 폭으로, 2열로 설치 시 간격은 보호포 이내로 한다.

10

다음 융착이음 (1), (2), (3)의 명칭을 쓰시오.

(1)

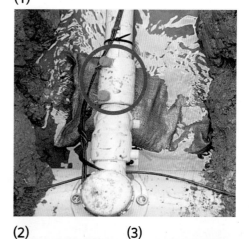

(2)   **(3)**

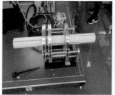   

 (1) 소켓
(2) 맞대기
(3) 새들

1

가스 도매사업장에 설치된 LNG 저장탱크에서 방류
둑 설치 시 탱크의 저장능력은?

 해답 500t 이상

2

동영상의 LPG 저장탱크에서 탱크 침하상태 측정 주
기는 얼마인가?

해답 1년 1회 이상

3

LPG 저장탱크에 설치되는 (1) 계측기 3가지, (2) 밸브 종류 3가지를 쓰시오.

 해답 (1) 압력계, 액면계, 온도계
(2) 안전밸브, 긴급차단밸브, 릴리프밸브

4

초저온 용기에 충전되는 액화가스 종류 3가지와 각각의 비등점을 쓰시오.

 해답 ① 액화산소 : -183℃
② 액화아르곤 : -186℃
③ 액화질소 : -196℃

5

방폭구조에 표시되어 있는 ① Ex, ② d, ③ ⅡB, ④ T₄의 의미를 쓰시오.

 해답 ① Ex : 방폭기기
② d : 내압방폭구조
③ ⅡB : 방폭전기기기의 폭발등급
④ T₄ : 방폭전기기기의 온도등급

6

C₂H₂ 용기에 충전되는 다공물질의 종류 4가지를 쓰시오.

 해답 ① 석면, ② 규조토, ③ 목탄, ④ 석회

7

LPG를 이송하는 펌프의 축봉장치에서 매커니컬 실을 사용하는 경우 2가지를 쓰시오.

 해답 ① LPG와 같이 저비점일 때
② 내압이 4~5kg/cm²일 때

8

배관 관경이 20A일 때 고정장치 설치 간격은 몇 m인가?

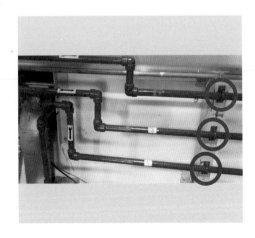

 해답 2m마다

9

동영상의 안전증방폭구조는 가연성 시설에 사용 시
몇 종 위험장소에 사용할 수 있는가?

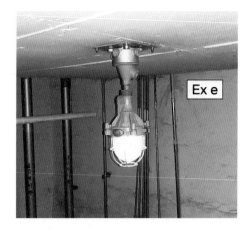

해답 제2종

10

강제급배기식 가스보일러에서 새, 쥐 등이 들어가지
않도록 설치되는 방조망의 직경은?

해답 16mm 이상

1

도시가스 공급시설에 설치되는 정압기가 하는 역할을
기술하였다. 아래의 ①, ②, ③에 알맞은 답을 쓰시오.

> 도시가스 압력을 사용처에 맞게 낮추는 (①) 기능, 2차
> 측 압력을 허용범위 내 압력으로 유지하는 (②) 기능,
> 가스의 흐름이 없을 때 밸브를 완전히 폐쇄하여 압력상
> 승을 방지하는 (③) 기능을 가진 기기로서 정압기용 압
> 력조정기 및 그 부속설비를 정압기라 한다.

 ① 감압, ② 정압, ③ 폐쇄

2

동영상은 비파괴 검사 시행을 위한 용접 방법이다.
이 용접 방법의 명칭을 쓰시오.

해답 Tig 용접(불활성 아크용접)

3

LPG 지하탱크 상부이다. 이 부분의 (1) 명칭과 (2) 용도를 쓰시오.

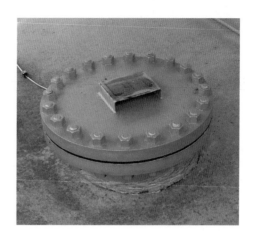

 (1) 저장탱크 맨홀
　　(2) 정기검사 시 개방하여 탱크 내부를 육안으로 점
　　　　검한다.

4

동영상은 액화가스 이입, 이·충전 시 사고예방을 위한 전선이다.
(1) 이 전선의 명칭을 쓰시오.
(2) 규격(mm²)을 쓰시오.

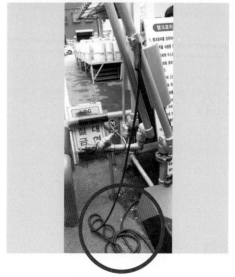

 (1) 접지접속선
　　(2) 5.5mm² 이상

5

제조 후 경과연수가 20년 이상인 용접용기 재검사
주기는?

 1년마다

 제조 후 20년 경과 용접용기 재검사 주기
내용적에 관계없이 1년마다 재검사

6

동영상은 LP가스를 이충전중이다. 물음에 답하여라.
(1) 좌측의 저장탱크와 차량고정탱크(탱크로리) 간
의 이격거리는?
(2) 충전작업 중 작업을 중단하여야 할 경우를 4가지
쓰시오.

 (1) 3m 이상
(2) ① 과충전시 ② 액압축 발생시 ③ 베이퍼록 발생시
④ 주변 화재 발생시

7

C₂H₂의 용기에서 지시부분은 무엇을 나타내는 그림
인가?

 가연성임을 나타내는 표시

8

동영상 (1)은 독성가스 제조시설에 설치되는 기구이다. 명칭을 쓰시오.
동영상 (2)는 부식성 가스에 사용되는 압력계이다. 명칭을 쓰시오.

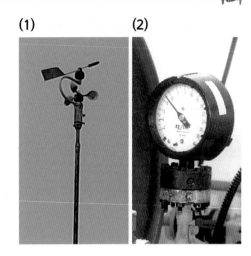

(1) 풍향계
(2) 다이어프램 압력계

9

가스운반 탱크로리의 적색 삼각기 규격(가로×세로)을 쓰시오.

40cm × 30cm

10

정압기에서 최초 가스 공급 개시 후 필터의 점검주기를 쓰시오.

공급 개시 후 1개월 이내 점검

1

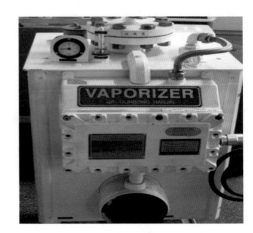

동영상은 온수순환식 기화기이다.
(1) 기화기의 3대 요소를 쓰시오.
(2) 기화기 사용 시 장점을 2가지 기술하시오.

 해답 (1) 기화부, 제어부, 조압부
(2) ① 한랭 시 가스공급이 가능하다.
② 공급가스의 조성이 일정하다.
③ 설치면적이 작아진다.
④ 기화량을 가감할 수 있다.

2

가스보일러에서 사용되는 안전장치를 2가지 이상
쓰시오.

 해답 ① 소화안전장치
② 정전안전장치
③ 동결방지장치
④ 역풍방지장치

3

도로의 폭이 10m인 경우 가스용 PE관 매설 시 매설
깊이는 몇 m 이상이어야 하는가?

 1.2m 이상

 도시가스 배관 매설

구분	매설 깊이
공동주택 부지 간	0.6m 이상
폭 8m 이상 도로	1.2m 이상
폭 4m 이상 8m 미만	1m 이상

4

동영상 PE(가스용 폴리에틸렌)관 SDR 값에 따른
1·2·3호 관을 구분하여 그때의 사용압력을 쓰시오.

 ① 11 이하 : 1호관, 0.4MPa 이하
② 17 이하 : 2호관, 0.25MPa 이하
③ 21 이하 : 3호관, 0.2MPa 이하

5

동영상은 도시가스 정압기실 계량기 상부에 부착된
기기이다. 이 기기의 명칭을 쓰시오.

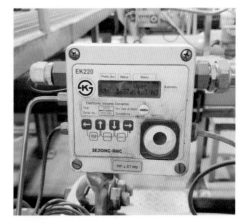

 BVI(온도 압력 보정장치)

6

고압가스 용기에서 지시 부분의 (1) 명칭, (2) 역할을
쓰시오.

 (1) 밸브보호캡
(2) 밸브 파손을 방지하기 위함

7

LP가스 이송 시 사용되는 압축기에서 지시 부분의
(1) 명칭, (2) 역할을 쓰시오.

 (1) 사방밸브
(2) 탱크로리에서 저장탱크로 액가스를 충전 후 잔
류가스를 저장탱크로 회수함

8

Cl_2 용기의 충전량 계산식과 함께 충전량(kg)을 계
산하시오.(V : 800L, C : 0.8)

 $W = \dfrac{V}{C} = \dfrac{800}{0.8} = 1000kg$

9

초저온 용기에서 (1) ①, ②의 명칭과 (2) ②의 역할을 쓰시오.

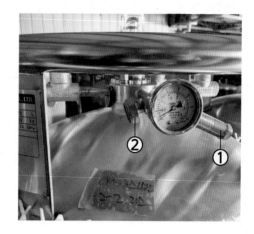

 (1) ① 스프링식 안전밸브
　　　② 파열판식 안전밸브
　(2) 용기내부압력 상승시 1차 스프링식 안전밸브가
　　　작동하여도 계속 압력 상승 시 내부가스를 분출
　　　용기의 파열을 방지함

10

다음 동영상의 부속품 명칭을 쓰시오.

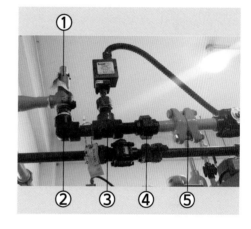

 ① 스프링식 안전밸브
　② 엘보
　③ 티
　④ 유니온
　⑤ 플렌지

1

아래 메다링 펌프로 액체 부취제 주입 시 그 방법을
3가지 쓰시오.

 ① 펌프주입방식
② 점하주입방식
③ 미터연결바이패스 방식

2

동영상 지시부분 ①, ② 배관 부속품의 명칭을 쓰시오.

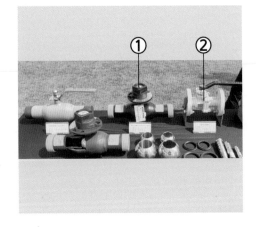

 ① 볼밸브
② 플렌지

3

가스크로마토그래피(G/C)에 사용되는 캐리어가스
의 종류를 쓰시오.

해답 N₂, He, Ar, H₂

4

가스보일러의 자연배기방식 중 단독배기통방식의
배기통의 가로 길이는 몇 m인가?

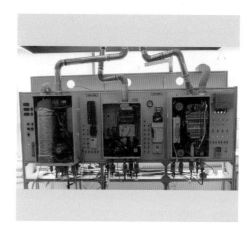

해답 5m 이하

5

용기에 표시된 AG의 의미를 쓰시오.

해답 아세틸렌 가스를 충전하는 용기 및 그 부속품

6

배관이음의 종류 ①, ②, ③, ④의 명칭을 쓰시오.

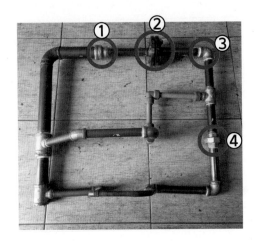

 ① 레듀샤
② 플렌지
③ 엘보
④ 유니온

7

C₂H₂ 충전 시 C₂H₂ 가스 이외에 충전되는 물질은 무엇인가?

C_2H_2 충전 시 C_2H_2 가스 이외에 충전되는 물질은 무엇인가?

 용제, 다공물질

8

LP가스 용기보관실 자연통풍구의 면적은 (1) 바닥면적 1m²당 몇 cm²이며, (2) 통풍구 1개의 면적은 몇 cm² 이하인가?

 (1) 300cm² 이상
(2) 2400cm² 이하

9

LPG 용기 1단 감압식 저압조정기의 (1) 조정압력
(kPa), (2) 폐쇄압력(kPa)을 쓰시오.

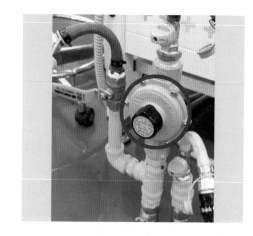

 (1) 2.3~3.3kPa
(2) 3.5kPa 이하

10

저장능력 1000kg 이상 소형 LPG 저장탱크 경계책
높이에 설치하는 강관제 보호대의 (1) 높이(cm)와
(2) 두께(A)를 쓰시오.

 (1) 80cm 이상
(2) 100A 이상

 보호대

구분	재질 및 규격	높이
소형저장탱크		
충전기 (고정충전설비) [디스팬스]	① 두께 12cm 이상 철근콘크리트 ② 100A 이상의 강관(배관용 탄소 강관 및 동등의 강도 강관)	80cm 이상
CNG 충전기		
저장탱크	보호대를 설치하지 않고 경계책을 1.5m 이상의 높이로 설치한다.	

1

가스 제조 시설에서
(1) LPG 탱크 설비와 아세틸렌 설비와의 이격거리 (m)는?
(2) LPG 탱크 설비와 산소 가스 설비와의 이격거리 (m)는?

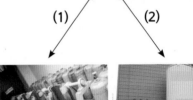

아세틸렌 제조설비　　**액화산소 설비**

 해답 (1) 5m 이상
(2) 10m 이상

해설 가연성 설비와 가연성 설비와의 이격거리 : 5m 이상
가연성 설비와 산소 설비와의 이격거리 : 10m 이상

2

다음 보일러의
(1) 배기방식은?
(2) 이 보일러를 전용 보일러실에 설치하지 않아도 되는 이유를 쓰시오.

 해답 (1) FF(강제 급배기 밀폐)식
(2) 밀폐식 보일러는 전용 보일러실에 설치하지 않아도 된다.

3

초저온의 용기 중 액체산소를 충전하는 용기에서
(1) 산소는 압축가스이나 액화산소는 액화가스이다.
    연소성으로 분류 시 해당되는 가스의 종류는?
(2) 액화산소 중 탄소와 아세틸렌의 검출시약을 쓰시오.

 (1) 조연성 가스
(2) 탄소 : 수산화바륨
    아세틸렌 : 이로스베이시약

4

동영상에서 보여주는 배관이 가스 배관임을 나타낼
때 황색으로 도색하여야 한다. 황색으로 도색하지 않
았을 때 가스 배관임을 나타내는 표시는 무엇인가?

 1m 이상의 높이에 폭 3cm의 황색 띠를 두 줄로 표
시하면 가스배관임을 나타내는 것이다.

5

산소가스 저장실이다. 이때 용기 저장실의 벽은 어
떤 벽으로 시공되어야 하는가?

 방호벽

6

PLP 강관에 사용되는 압력의 범위는?

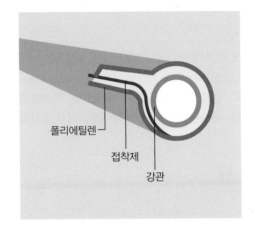

폴리에틸렌
접착제
강관

 1MPa 미만

7

바닷가에 설치되어 있는 LNG 생산설비에서 주로 사용되는 기화설비의 매개체는 무엇인가?

LNG

해답 해수 증발식

8

동영상은 정압기에 사용되는 필터이다. 필터 내부에 설치되어 있는 엘리먼트는 차압이 얼마(MPa)일 때 교환하여야 하는가?

 0.01~0.02MPa

9

초저온 용기의 열차단을 위해 내조, 외조 사이에 보냉제를 충전시킨다. 열전도율의 전도공식과 기호를 설명하시오.

 $Q = \lambda \times \dfrac{A}{D} \times \varDelta T \ (\text{kcal/hr})$

Q(kcal/hr) : 열전도량
λ : 열전도율(kcal/mh℃)
A : 전열면적(m^2)
D : 두께(m)
$\varDelta T$: 온도차(℃)

10

동영상 ①, ②는 LPG를 옥외에 보관하고 있는 경우이다.
(1) ①, ②의 저장능력(kg)을 쓰시오.
(2) ②의 영상에서 잘못된 부분을 지적하시오.

 (1) ① 100kg 초과, ② 100kg 이하
(2) 용기, 용기밸브, 조정기 등이 직사광선 및 빗물에 영향을 받지 않는 조치를 하지 않았다.

 LPG 용기를 옥외 설치 시 100kg 초과는 용기보관실을 만들어 보관하고, 100kg 이하는 용기, 용기밸브, 조정기 등이 직사광선 및 빗물의 영향을 받지 않도록 보호판, 보호캡 등을 설치하고 바람 등으로 이탈되지 않도록 설치해야 한다.

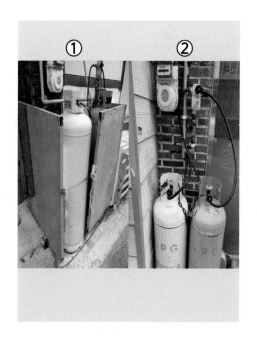

1

동영상은 저장능력 1000kg 이상인 소형저장탱크이다. 물음에 답하여라.

(1) 2개 이상 설치 시 소형저장탱크 간의 이격거리는?

(2) 1000kg 이상의 소형저장탱크에 설치하는 경계책의 높이는?

(3) 살수장치의 조작위치는 탱크 외면에서 몇 m 이상 떨어진 위치에 설치하는가?

(4) 구비하여야 하는 소화제의 종류는?

 (1) 0.5m 이상　　(2) 1m 이상
(3) 5m 이상　　(4) ABC용 B-12 분말소화제

 저장능력 1000kg 미만 시 탱크 간의 간격은 0.3m 이상, 저장능력 1000kg 이상 시 경계책과 살수장치를 설치하고 소화제를 구비하여야 한다.

2

동영상 가스시설물의 (1) 명칭, (2) 용도를 쓰시오.

 (1) 피그
(2) 배관공사 후 배관 내 존재하는 이물질 제거

3

다음 방폭구조의 기호에 대한 명칭을 쓰시오.

① d, ② s, ③ o, ④ e

 ① 내압 방폭구조
② 특수 방폭구조
③ 유입 방폭구조
④ 안전증 방폭구조

4

다음 LPG 탱크의 저장능력이 20t이라면 1종 보호 시설과 이격거리는 몇 m인가?

 21m

저장능력	안전거리	
	1종	2종
10t 이하	17m	12m
10t 초과 20t 이하	21m	14m
20t 초과 30t 이하	24m	16m
30t 초과 40t 이하	27m	18m
40t 초과	30m	20m

5

다음의 (1) 용기 명칭을 쓰고 (2) 이 용기에만 실시하는 검사 항목 1가지를 쓰시오.

 (1) 초저온 용기
(2) 단열성능시험

6

LPG 탱크로리에서 저장탱크로 가스를 이송 시 접지하는 이유를 쓰시오.

해답 정전기 발생으로 폭발을 방지하기 위함

7

다음 배관의 고정장치에서 관경에 따른 고정장치 설치의 간격을 쓰시오.

관경	고정 설치 간격(브라켓 설치)
13mm 미만	(①)m마다
13mm 이상 33mm 미만	(②)m마다
33mm 이상	(③)m마다

해답 ① 1, ② 2, ③ 3

8

LPG 탱크 상부의 ①, ②, ③ 명칭을 쓰시오.

해답 ① 스프링식 안전밸브
② 가스방출관
③ 살수장치

9

LPG 자동차 충전시설에서 안전관리 부분의 유의사항 3가지를 쓰시오.

해답 ① 충전호스 길이는 5m 이내로 하고 정전기 제거 장치를 설치할 것
② 충전호스에 부착되는 가스 주입기는 원터치형으로 할 것
③ 충전호스에 과도한 인장력이 가해졌을 때 충전기와 가스 주입기가 분리되는 안전장치를 설치할 것

10

LPG 용기 충전시설 중 충전기는 사업소 경계가 도로에 접한 경우 그 외면으로부터 도로경계까지 몇 m 이상 유지해야 하는가?

해답 4m 이상

해설 액화석유가스 충전시설과 사업소 경계와의 유지거리
① 충전시설 중 저장설비의 외면에서 사업소 경계까지 유지거리

저장능력	사업소 경계와의 거리
10톤 이하	24m 이상
10톤 초과 20톤 이하	27m 이상
20톤 초과 30톤 이하	30m 이상
30톤 초과 40톤 이하	33m 이상
40톤 초과 200톤 이하	36m 이상
200톤 초과	39m 이상

② 충전시설 중 저장충전설비와 보호시설과의 안전거리

저장능력	안전거리
10톤 이하	17m 이상
10톤 초과 20톤 이하	21m 이상
20톤 초과 30톤 이하	24m 이상
30톤 초과 40톤 이하	27m 이상
40톤 초과	30m 이상

③ 충전시설 중 충전설비 외면과 사업소 경계까지 거리 : 24m 이상
④ 충전설비 중 충전기는 사업소 경계가 도로에 접한 경우 그 외면으로부터 도로 경계선까지 4m 이상 유지
⑤ 액화석유가스 판매시설의 사업소 부지는 한 면이 폭 4m 이상의 도로와 접하여야 한다.

1

도시가스 정압기실 표시 부분의 ①, ②, ③, ④ 명칭을 쓰시오.

 해답 ① 터빈계량기
② 이상압력통보설비
③ SSV(긴급차단밸브)
④ 정압기용 조정기

2

동영상 용기의 명칭, 용도를 쓰시오.

 해답 ① 산소(의료용)
② 질소(의료용)
③ 수소(공업용)
④ 아산화질소(의료용)

3

저장능력이 29t인 LPG 충전시설의 저장설비와 사업소 경계까지의 거리는?

해답 30m 이상

해설 충전시설 중 저장설비와 사업소 경계까지 거리

저장능력	사업소 경계와의 거리
10t 이하	24m 이상
10t 초과 20t 이하	27m 이상
20t 초과 30t 이하	30m 이상
30t 초과 40t 이하	33m 이상
40t 초과 200t 이하	36m 이상
200t 초과	39m 이상

4

가스 연소기에서 가스가 연소되고 있다. 불완전연소가 될 때의 원인 4가지를 쓰시오.

해답
① 공기량 부족
② 가스기구 불량
③ 연소기구 불량
④ 프레임의 냉각

5

초저온 저장탱크 등에 사용되는 보냉제의 구비조건
4가지를 쓰시오.

 ① 경제적일 것
② 화학적으로 안정할 것
③ 열전도율이 적을 것
④ 밀도가 적을 것

6

C_2H_2 용기에 대하여 물음에 답하여라.
(1) 최고충전압력(F_P)은 15℃에서 몇 MPa인가?
(2) T_P(내압시험) 압력(MPa)은?
(3) A_P(기밀시험) 압력(MPa)은?

 (1) 1.5MPa, (2) 4.5MPa, (3) 2.7MPa

 C_2H_2 용기
$F_P = 1.5$MPa
$T_P = 1.5 \times 3 = 4.5$MPa
$A_P = 1.5 \times 1.8 = 2.7$MPa

7

C_2H_2 용기의 안전밸브에 사용되는 가용합금의 재료
2가지를 쓰시오.

 Pb(납), Sn(주석), Sb(안티몬), Bi(비스무트)

8

다음 방폭구조(ia)가 설치 가능한 위험 장소를 쓰시오.

 0종, 1종, 2종

 위험 장소에 따른 방폭기기의 종류
0종 : 본질안전 방폭구조
1종 : 내압, 압력, 유입, 본질안전 방폭구조
2종 : 내압, 압력, 유입, 안전증, 본질안전 방폭구조

9

LP가스 이송 시 발생될 수 있는 베이퍼록 현상에 대한 방지 방법 3가지를 쓰시오.

 ① 회전수를 낮춘다.
② 흡입관경을 넓힌다.
③ 외부와 단열조치한다.

10

다음 동영상에서 보여주는
(1) 밸브의 명칭을 쓰시오.
(2) 상용압력이 10MPa일 때 작동압력(MPa)을 쓰시오.

 (1) 스프링식 안전밸브
(2) $10 \times 1.5 \times \dfrac{8}{10} = 12MPa$

1

다음 용기는 기화기를 사용해야 하는 용기이다. 이
용기의 명칭은?

해답 사이펀용기

2

초저온 용기에 진공 부분이 있는 이유를 쓰시오.

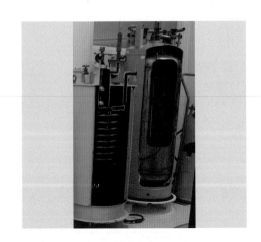

해답 초저온 가스에 직접 열이 침투하는 것을 방지하여
단열효과를 높이기 위함

3

LP가스 저장실 바닥면적이 10m²일 때 강제환기장
치의 통풍능력(m³/min)은?

 10m²×0.5m³/min·m² = 5m³/min

4

다음의 방폭구조는?

 압력방폭구조

5

도시가스 사용시설의 압력조정기 필터 점검 주기는?

 3년 1회

 압력조정기 필터의 점검

구분		점검 주기
공급시설	조정기	6월 1회
	필터	2년 1회
사용시설	조정기	1년 1회
	필터	3년 1회

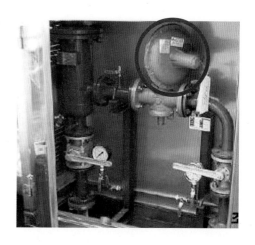

6

충전시설의 차량고정탱크 주정차 선의 (1) 길이(m), (2) 폭(m)의 규격을 쓰시오.

(1) 13m 이상
      (2) 3m 이상

7

LPG 탱크에 설치되어 있는 안전밸브 작동 점검 주기는 얼마인가?

2년 1회

안전밸브 작동 점검 주기
      압축기 최종단에 설치되어 있는 안전밸브 : 1년 1회
      그 밖의 안전밸브 : 2년 1회

8

LPG 충전시설에서 옥외에 가스검지기 설치 시 그 기준을 쓰시오.

바닥면 둘레 20m마다 1개씩 설치

9

고압가스 운반 시 주정차 할 때 1종 보호시설과 이
격거리(m)는?

해답 15m 이상

10

동영상의 (1)은 배관 중 설치, (2)는 용기 중 설치된 안
전밸브이다. (1), (2)의 안전밸브 작동압력을 쓰시오.
(단, 상용압력과 최고충전압력을 기준으로 쓰시오)

(1)

(2)

해답 (1) 상용압력 $\times 1.5 \times \dfrac{8}{10}$

(2) 최고충전압력 $\times \dfrac{5}{3} \times \dfrac{8}{10}$

해설 안전밸브 작동압력

용기 : $Fp \times \dfrac{5}{3} \times \dfrac{8}{10}$

설비 : 상용압력 $\times 1.5 \times \dfrac{8}{10}$

1

LPG 탱크 주변에 방류둑 설치 시 탱크 저장능력이
얼마(t)일 때 방류둑을 설치하여야 하는가?

해답 1000t 이상

2

도시가스 정압기실 ①, ②, ③, ④, ⑤의 명칭을 쓰시오.

해답 ① 여과기
② 조정기
③ 안전밸브
④ 자기압력기록계
⑤ 이상압력 방지장치

3

표시된 ①, ② 부분의 명칭을 쓰시오.

 ① 슬립튜브식 액면계
② 긴급차단장치

4

왕복식 압축기에서 소음 발생의 원인을 2가지 쓰시오.

 ① 실린더와 피스톤의 접촉
② 언로드 복귀 불량

5

도시가스용 압력조정기에서 최대 표시 유량을 통과
시켰을 때 합격 유량 범위는?

 ±20%

6

LPG 저장탱크 지하매설 시 탱크 외벽에 둘러쌓는
(1) 벽의 재료는?
(2) 그때의 두께는 얼마인가?

 (1) 철근콘크리트
      (2) 30cm 이상

7

가스계량기에 다음 표시가 의미하는 내용을 쓰시오.
(1) Qmax 2.5m³/h
(2) 1.0(L)/Rev

 (1) 사용 최대 유량이 시간당 2.5m³
      (2) 계량실의 1주기 체적이 1L

8

가스 배관에 아래와 같은 표시는 무엇을 나타내는지
쓰시오.

SCH

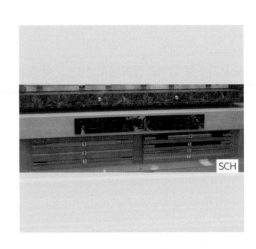

 배관의 두께를 나타내는 기호로서 숫자가 클수록 두
      꺼운 것을 말한다.

9

CH₄ 계열의 가스누설 검지차량이다. FID의 의미를
쓰시오.

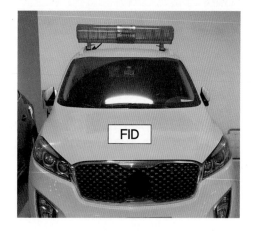

해답 FID : 수소염 이온화 검출기

10

에어졸 용기의 누설시험 온도 범위는?

해답 46℃ 이상 50℃ 미만

1

가스누출차단장치의 3요소는 차단부, 제어부, 검지부이다. LNG, LPG 사용 시 검지부가 되어야 할 장소를 ①, ②에서 고르시오

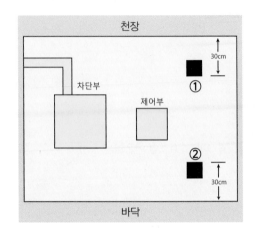

 해답
LNG 사용 시 : ①
LPG 사용 시 : ②

2

동영상 (1), (2)의 이격거리는 몇 m 이상인가?

(1)

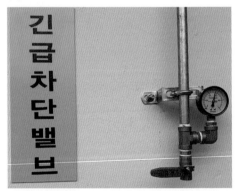

(2)

 해답 5m 이상

 해설
(1) 긴급차단장치의 조작밸브
(2) 저장탱크에 부착된 긴급차단장치

(1)

3

동영상의 (1), (2) 정압기 명칭을 쓰시오.

(2)

해답 (1) AFV 정압기
    (2) 피셔식 정압기

4

LPG 충전소의 충전기 중심에서 사업소 부지 경계까지 몇 m를 유지하여야 하는가?

해답 24m 이상

5

LPG 지상 저장탱크에 설치되어 있는 (1) 액면계의 명칭과 (2) 압력계의 설치목적을 쓰시오.

해답 (1) 클린카식 액면계
    (2) 가스 충전시 과잉충전 예방 및 압력계 확인으로
        운전 조건의 안정을 기할 수 있다.

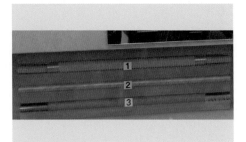

6

다음의 배관 두께를 구하는 식에서 외경·내경의 비가 1.2 이상 시 C의 의미를 쓰시오.

$$t = \frac{D}{2}\left(\sqrt{\frac{\frac{f}{S}+P}{\frac{f}{S}-P}}-1\right)+C$$

해답 C : 부식 여유치(mm)

참고 1.2 미만인 경우

$$t = \frac{PD}{2 \cdot \frac{f}{S}-P}+C$$

P : 상용압력(MPa)

f : 인장강도(N/mm^2) 규격 최소치

7

표시 부분의 각각의 명칭을 쓰시오.

해답
① 역지밸브
② 글로브밸브
③ 릴리프밸브
④ 긴급차단밸브

8

도시가스 정압기실의 표시 부분의 (1) 명칭, (2) 역할을 쓰시오.

 (1) SSV(긴급차단밸브)
(2) 정압기실 내 이상 현상 발생 시 가스 흐름을 차단하여 피해를 막는 장치

9

LNG 저장탱크에 긴급차단장치 설치 시 조작위치는 탱크 외면으로부터 몇 m 이상 떨어진 위치에 설치되어야 하는가?

 10m 이상

 가스도매사업 긴급차단장치 설치위치 : 탱크 외면 10m 이상 떨어진 곳

10

다음 용기 밸브 재료를 2가지 쓰시오.

 ① 단조강
② 동함유량 62% 미만의 단조황동

1

다음 용기의 재질은 무엇인가?

 해답 탄소강

2

동영상 ①, ②, ③의 명칭을 쓰시오.

해답 ① 압력계
② 온도계
③ 슬립튜브식 액면계

3

다음 용기의 장점 3가지를 쓰시오.

 ① 경제적이다.
② 두께공차가 적다.
③ 모양, 치수가 자유롭다.

4

동영상은 도시가스 정압기실의 가스검지기이다. 가스누출경보장치의 설치는 바닥면 둘레를 기준으로 어떻게 설치하여야 하는가?

 바닥면 둘레 20m마다 1개의 비율로 설치

5

자기압력기록계의 기능 2가지를 쓰시오.

 ① 배관 내에서는 기밀시험 실시
② 정압기실 내에는 1주일간 운전 상황 기록

6

표시 부분은 LPG 저장탱크에 설치된 물분무장치이다.

(1) 물분무장치의 조작위치는 탱크 외면에서 몇 m 이상 떨어진 장소에 설치되어야 하는가?

(2) 몇 분 이상 방사될 수 있는 수원에 접속되어 있어야 하는가?

 (1) 15m 이상
(2) 30분 이상

7

저장실 내 온도계이다. 저장실의 온도는 몇 ℃ 이하를 유지하여야 하는가?

 40℃ 이하

8

정압기실 철근콘크리트 방호벽의 (1) 두께와 (2) 높이를 기술하시오.

 (1) 12cm 이상
(2) 2m 이상

9

다음 비파괴 검사의 (1) 방법과 (2) 이 검사 방법의 장점 2가지를 쓰시오.

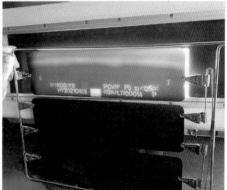

 (1) 방사선투과검사(RT)
(2) ① 신뢰성이 높다.
② 내부결함 검출이 가능하다.

10

LPG 탱크에서 (1) 탱크의 색상과 (2) LPG 글자 색상의 기준을 기술하시오.

 (1) 탱크 : 은백색
(2) 글자 : 적색

1

소형 저장탱크이다. 가스방출관의 설치 위치에 대하여 기술하시오.

해답 지면에서 2.5m 이상, 탱크 정상부에서 1m 이상 중 높은 위치

2

방식정류기

전기방식용 정류기의 포화황산동 기준전류에서
(1) 방식전위의 상한값을 쓰시오.
(2) 방식전위의 하한값을 쓰시오.

해답 (1) -0.85V 이하
(2) -2.5V 이상

3

동영상은 접촉연소식 가스누출 검지기이다. 가연성 가스 누출 시
(1) 검지기의 경보 농도는?
(2) 이때 지시계 눈금의 범위는?

 (1) 폭발하한계의 $\frac{1}{4}$ 이하

　　　 (2) 0~폭발하한계

4

LPG 충전시설에서 저장설비 저장능력이 10t일 때 사업소 경계까지 이격거리는?

 24m 이상

5

LPG 충전소에서 탱크로리에서 저장탱크로 가스를 충전 시 안전관리의 주의사항을 2가지 쓰시오.

 ① 충전 시 과충전에 유의한다.
　　　 ② 충전 중 정전기 발생이 되지 않도록 접지한다.
　　　 ③ 압축기로 충전 시 액압축이 발생되지 않도록 한다.
　　　 ④ 펌프로 충전 시 베이퍼록이 발생되지 않도록 한다.

6

충전소에서 충전자가 실시하는 용기의 안전점검 사항 2가지를 쓰시오.

 ① 용기의 재검사 기간을 확인한다.
② 용기의 도색 및 표시부분을 확인한다.
③ 유통 중 열영향을 받았는지 점검하여 열영향이 있을 경우 재검사를 한다.
④ 용기 아랫부분의 부식 상태를 확인한다.

7

LPG 충전시설에서 충전기 보호대의 설치규정의 (1) 관경, (2) 높이의 규정을 쓰시오.

 (1) 100A 이상
(2) 지면에서 80cm 이상

8

배관의 열융착법에서 융착의 적합 여부의 판단 기준은 무엇인가?

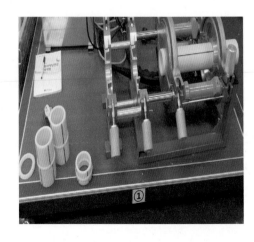

 비드폭

9

동영상은 자동차용 LPG 용기이다.
(1) 충전은 몇 %까지 하여야 하는가?
(2) 충전으로 인한 위해예방을 위하여 설치된 안전
  장치는?

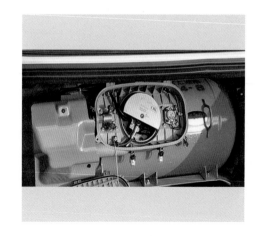

 (1) 85% 이하
  (2) 과충전 방지장치

10

정압기에서 2차 압력을 메인밸브에 전달하는 부분
은 어디인가?

 다이어프램

1

다음 배관 A, B에서 부식이 일어날 수 있는 부분은?

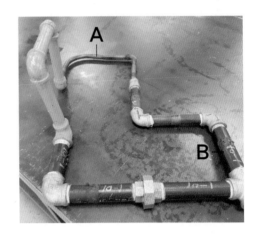

 B

 A : 단조용 황동(부식에 강함)
B : 일반배관용 탄소강관(부식의 우려가 있음)

2

동영상 (1)의 가스는 ① 몇 종 독성가스인가? ② 그 때의 TLV-TWA 기준 허용농도는 얼마인가? ③ 동 영상의 가스를 1000kg 이상 운반 시 보유 소석회의 양(kg)은 얼마인가?
동영상 (2)의 안전밸브형식은 무엇인가?

(1)

(2)

 (1) ① 제2종 독성가스
② 1ppm 초과 10ppm 이하
③ 40kg 이상
(2) 가용전식 안전밸브

 • 제1종 독성가스 : TLV-TWA 1ppm 이하(염소, 시안화수소, 불소, 포스겐)
• 제2종 독성가스 : TLV-TWA 1ppm 초과 10ppm 이하(염화수소, 황화수소)
• 염소, 염화수소, 포스겐, 아황산가스를 1000kg 이상 운반 시 : 소석회 40kg 이상 보유
• 염소, 염화수소, 포스겐, 아황산가스를 1000kg 미만 운반 시 : 소석회 20kg 이상 보유

3

동영상의 PE관 융착이음 방법은?

새들 융착

4

C₂H₂ 용기에서
(1) 표시 부분의 명칭은?
(2) 그때의 용융온도(℃)는?
(3) AG의 의미는?
(4) 용제의 종류 2가지를 쓰시오.

(1) 가용전식 안전밸브
(2) 105±5℃
(3) 아세틸렌 가스를 충전하는 용기의 부속품
(4) 아세톤, DMF

5

도로폭이 25m일 때 배관을 지하매설 시 매설 깊이는?

1.2m 이상

6

저장탱크의 침하 상태 측정 주기는?

 1년 1회

7

용기 저장실 방호벽을 설치 시 (1) 그 설치 목적을 쓰시오. (2) 그때의 방호벽 높이는?

 (1) 고압가스 용기 등이 폭발 시 방호벽으로 피해가
　　확대되는 것을 막기 위함
(2) 2m 이상

8

동영상의 압축기 명칭은?

 나사압축기

9

동영상에서 가스가 연소하여 발생되는 (1) 현상과 (2) 그 원인을 2가지 쓰시오.

 해답 (1) 황염(옐로우팁)
(2) ① 1차 공기 부족
② 주물 밑부분의 철가루 존재

해설 황염 : 염의 선단이 적황색이 되어 타고 있는 현상으로 연소속도가 느려짐

10

내용적이 800L인 액화산소 용기에서 단열성능시험 결과 침입열량값이 0.00351kcal/hr℃L 산출되었다. 검사결과를 합격, 불합격으로 판정하여라.

 해답 불합격

 해설 단열성능시험
① V가 1000L 이하 : 침입열량 0.0005kcal/hr℃L 이하가 합격
② V가 1000L 초과 : 침입열량 0.002kcal/hr℃L 이하가 합격

1

정압기 입구 압력이 0.4MPa, 설계유량이 1000Nm³/hr 미만 시 안전밸브 분출구경은?

 해답 25A 이상

 해설 도시가스 정압기실 안전밸브 분출구경

입구측 압력		분출구경
0.5MPa 이상		50A 이상
0.5MPa 미만	유량이 1000Nm³/h 이상	50A 이상
	유량이 1000Nm³/h 미만	25A 이상

2

동영상은 LPG 자동차 충전소에 있는 표지판이다. 표지판의 문구를 규정에 맞게 변경하시오.

 해답 주유중 엔진정지 → 충전중 엔진정지

3

LP가스 탱크로리의 안전장치 3가지를 쓰시오.(20t 탱크이다)

 ① 긴급차단밸브
② 안전밸브
③ 폭발방지장치

4

동영상의 계측기 ①, ②, ③의 명칭을 쓰시오.

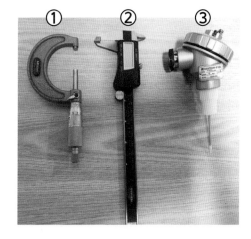

 ① 마이크로메타
② 버니어 캘리퍼스
③ 열전대 온도계

5

다음 장치의 (1) 명칭과 (2) 역할을 쓰시오.

 (1) 역화방지장치
(2) 불꽃의 역화를 방지하여 폭발을 예방

6

관경이 20A일 때 고정장치인 브라켓의 설치간격은
몇 m마다 설치하여야 하는가?

 2m마다

7

LPG 저장탱크가 지하에 설치되어 있다. 빗물 등에
의한 침수방지를 위하여 설치하여야 하는 (1) 설비
의 명칭, (2) 그때의 호칭경 규격을 쓰시오.

 (1) 집수관
(2) 80A 이상

8

용량이 100kg/h 이하인 2단 1차 조정기의 (1) 입구
압력(MPa), (2) 조정압력(kPa)을 쓰시오.

 (1) 0.1~1.56MPa
(2) 57.0~83.0kPa

9

다음 갈색의 독성 가스 용기에 대하여 물음에 답하여라.
(1) 용기의 명칭은?
(2) 안전밸브 형식은?
(3) TLV-TWA의 기준농도는?

 (1) 염소
(2) 가용전식
(3) 1ppm

10

LP가스 용기 저장소에서 저장소의 지붕 구비조건 2가지를 쓰시오.

 ① 가벼울 것
② 불연성일 것

 가연성 산소 저장실의 지붕
불연, 난연의 가벼운 재료를 사용한다. 단, NH_3의 경우 지붕은 가벼운 재료를 사용하지 않아도 된다.

1

LPG 충전소에 C4H10 가스 누출 시 검지기의 경보농도는 몇 %에서 경보하여야 하는가?

 해답 0.45% 이하

 해설 **가연성의 경보농도**

폭발하한의 $\frac{1}{4}$ 이하에서 경보하여야 한다.

폭발범위 1.8~8.4%이므로 $1.8 \times \frac{1}{4} = 0.45\%$

2

LPG 지하탱크에 연결된 배관이다. 표시한 부분의
(1) 명칭과 (2) 설치위치를 쓰시오.

 해답 (1) 가스누설검지기
(2) 지면에서 검지기 상단부까지 30cm 이내

3

다음 물음에 답하시오.
(1) LPG 충전시설의 경계책 높이는?
(2) 소형 저장탱크의 경계책 높이는?

 (1) 1.5m 이상
(2) 1m 이상

4

다음 표시된 부속품 ① PG ② LPG ③ LG ④ LT ⑤ AG에 대하여 그 의미를 기술하시오.

 ① PG : 압축가스를 충전하는 용기의 부속품
② LPG : 액화석유가스를 충전하는 용기의 부속품
③ LG : LPG 이외 액화가스를 충전하는 용기의 부속품
④ LT : 초저온, 저온 용기의 부속품
⑤ AG : 아세틸렌 가스를 충전하는 용기의 부속품

5

다음 가스 배관에 사용되는 전기방식방법은 무엇인지 쓰시오.

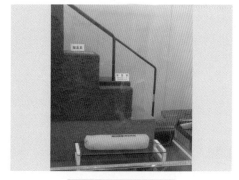

ANODE

 희생양극법

6

각 보일러의 급배기 방식은?

①은 하부에 급기구, 상부에 배기통이 설치되어 있는 형식으로 연소용 공기는 실내에서, 폐가스는 옥외로 배출하는 형식이다.
②는 연소용 공기는 옥외에서 취하고 폐가스도 옥외로 배출하는 형식이다.

 ① FE(강제배기식 반밀폐형)
② FF(강제급배기식 밀폐형)

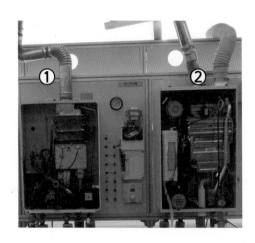

7

동영상 (1), (2)의 명칭과 설치장소를 구분하여 설명하시오.

(1)

(2)

 (1) 슬립튜브식 액면계(지하탱크일 경우 사용되는 액면계)
(2) 클린카식 액면계(지상탱크일 경우 사용되는 액면계)

8

도시가스 정압기실에 설치되어 있는 다음 설비의 명칭은?

 ① 자기압력기록계
② 2차측 압력감시장치
③ 조정기
④ 긴급차단장치

9

공기액화분리장치에서 (1) 불순물 종류 2가지와 (2) 각각의 제거방법을 쓰시오.

 (1) ① CO_2
② 수분
(2) ① CO_2 : 가성소다용액으로 제거
② 수분 : 건조제를 이용, 건조기에서 제거

10

용기의 제조방법의 분류 시 (1) 어떤 용기이며, (2) 이 용기의 제조방법 3가지를 쓰시오.

 (1) 무이음 용기
(2) ① 에르하르트식
② 만네스만식
③ 디프 드로잉식

1

공기보다 무거운 가스누설검지기에서 지시계의 눈금범위는 얼마인가?

 0~폭발하한계

2

다음 용기의 검사방법을 쓰시오.

(1)

(2)

(3)

 (1) 음향검사
(2) 파열검사
(3) 내부조명검사

 (1) 용기를 두드려 결함여부를 검사
(2) 불합격된 용기에 구멍을 내어 파기
(3) 내부에 조명을 삽입하여 용기 내부를 점검

3

도시가스 정압기실 바닥면 둘레가 55m이면 가스누설 경보장치의 검지기 설치수량은?

 $55 \div 20 = 2.75$
∴ 3개

 바닥면 둘레 20m마다 1개씩 설치하여야 한다.

4

PE관 상부에 설치되어 있는 (1) 전선의 명칭과 (2) 규격(mm²)을 쓰시오.

 (1) 로케팅와이어
(2) 6mm² 이상

5

도시가스 누출검지 차량에서 OMD의 의미를 쓰시오.

— 검지부

 광학식 메탄가스 검지기

6

동영상의 가스시설물 (1) 명칭과 (2) 역할을 쓰시오.

 (1) 로케팅와이어박스
(2) 지상에서 지하에 매몰되어 있는 PE배관을 탐지하는 박스

 선에 캡이 있어 탐지 시 로케팅와이어선에 신호를 보내어 지하 PE배관의 상태를 파악하고 유지관리를 하기 위함

7

동영상에서 보여주는 휴대용 가스검지기의 명칭은?

접촉연소식 가스검지기

8

인위적으로 소용돌이를 일으켜 유량을 측정하는 유량계이다. 이 유량계의 명칭은?

 와류유량계

9

가연성 가스공장에서 불꽃이 나지 않게 사용되는 공구이다. 이 공구의 명칭은?

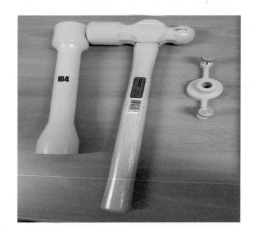

해답 베릴륨 합금제 공구

해설 가연성 공장에서 불꽃 발생 방지를 위하여 사용되는 공구의 종류
나무, 고무, 가죽, 플라스틱, 베릴륨, 베아론합금 등

10

다음 방폭구조의 명칭을 쓰시오.

①	EX e
②	EX s
③	EX ia
④	EX d

해답 ① 안전증 방폭구조   ② 특수 방폭구조
③ 본질안전 방폭구조 ④ 내압 방폭구조

1

일반도시가스 가스공급시설에서
(1) 배관이음매와 절연조치를 하지 않은 전선과의
    이격거리(cm)는?
(2) 절연조치를 한 전선과 이격거리(cm)는?

 (1) 15cm 이상
(2) 10cm 이상

 (1) 도시가스 사용공급시설, 액화석유가스 사용시설
     배관이음부(용접이음 제외)
     • 절연전선 : 10cm 이상
     • 절연조치를 하지 않은 전선 : 15cm 이상
   (2) 액화석유가스 집단공급시설
     • 절연전선 : 10cm 이상
     • 절연조치를 하지 않은 전선 : 30cm 이상

2

동영상의 가스는 연소기에서 역화를 하여 불완전연
소를 일으켰다. 역화의 원인을 2가지 쓰시오.

 ① 노즐 구멍이 작을 때
② 가스공급압력이 낮을 때

3

도시가스 배관을 교량에 설치 시 관경 100A인 경우
지지 간격은 몇 m인가?

 8m

 호칭경에 따른 배관의 지지간격

호칭경(A)	지지 간격(m)	호칭경(A)	지지 간격(m)
100	8	400	19
150	10	500	22
200	12	600	25
300	16		

4

정압기실의 ①, ②, ③, ④의 명칭을 쓰시오.

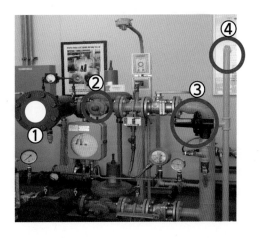

 ① 여과기
② 조정기
③ 안전밸브
④ 가스방출관

5

다음 도면의 ①, ②의 간격을 쓰시오.

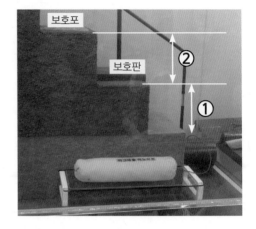

해답 ① 30cm 이상
② 30cm 이상

6

산소가스 충전장에서 표시부분의 명칭은?

해답 충전용 주관의 밸브

7

LP가스 충전소이다. LP가스 충전소 가스설비실의
강제통풍장치 설치기준 2가지를 쓰시오.

해답 ① 흡입구는 바닥면 가까이 설치한다.
② 배기가스 방출구는 지면 가까이 설치한다.
③ 통풍능력은 바닥면적 $1m^2$당 $0.5m^3/min$ 이상이
어야 한다.

8

강판제로 방호벽 설치 시의 종류 2가지를 쓰고, 그때의 강판 두께(mm)를 쓰시오.

 ① 후강판 : 6mm
② 박강판 : 3.2mm

 박강판으로 방호벽을 설치 시 가로×세로(30cm× 30cm)의 앵글값으로 용접보강을 하여야 한다.

9

다음 가스 시설물의 (1) 명칭과 (2) 설치기준 2가지를 쓰시오.

 (1) 라인마크
(2) ① 라인마크는 배관길이당 50m마다 1개 이상 설치
② 주요 분기점에 설치할 것

10

동영상이 보여주는 가스장치에 대해 물음에 답하시오.
(1) 이 장치의 명칭은?
(2) 이 장치의 형식이 온수순환식일 때 온수온도는?
(3) 증기가열식일 때 증기온도는?
(4) 이 장치를 작동원리에 따라 2종류로 분류하여라.

 (1) 기화기
(2) 80℃ 이하
(3) 120℃ 이하
(4) 가온감압방식, 감압가열방식

1

**다음의 원심펌프에서 일어나는 캐비테이션 현상에
대하여 (   )에 알맞은 단어를 채우시오.**

캐비테이션이란 유수 중 그 수온의 (①)보다 낮은 부분
이 생기면 물이 증발을 일으키고 (②)를 발생하는 현상
을 말한다.

 ① 증기압
② 기포

2

가스용 PE관이 3호관일 때 최고사용압력(MPa)은?

 0.2MPa 이하

 SDR에 따른 가스용 PE관의 최고사용압력

11 이하(1호관)	0.4MPa 이하
17 이하(2호관)	0.25MPa 이하
21 이하(3호관)	0.2MPa 이하

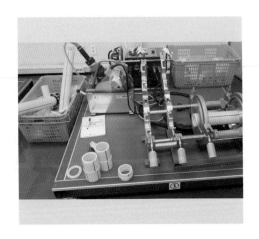

3

다음 가스계량기의 설치높이는 바닥에서 2m 이하이다.
(1) 법규상의 가스계량기 설치높이 기준은 몇 m인가?
(2) 어떠한 경우에 (1)의 규정을 지키지 않아도 되는가?

 (1) 바닥에서 1.6m 이상 2m 이내
(2) 보호상자 내에 설치 시 바닥에서 2m 이내 설치
가능

4

다음 ①, ② 조정기의 명칭을 쓰시오.

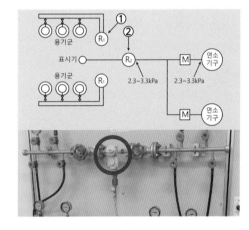

 ① R₁ : 자동교체식 조정기
② R₂ : 2단 감압식 2차용 조정기

5

LPG 저장탱크 지하 설치 시 철근콘크리트 작업공정
에서 수밀성 콘크리트로 시공할 때 콘크리트 설계강
도의 압력(MPa)은?

 21MPa 이상

 저장탱크 지하설치에 관한 레드믹스 콘크리트의
설계강도
① 액화석유가스 안전관리법 : 21MPa 이상
② 고압가스 안전관리법 : 20.6~23.1MPa 이상
③ 도시가스 안전관리법 : 21~24MPa 이상

6

다음 용기의 종류를 보고 (1) 독성 (2) 가연성 (3) 독
성·가연성으로 구분하여 번호로 답하시오.

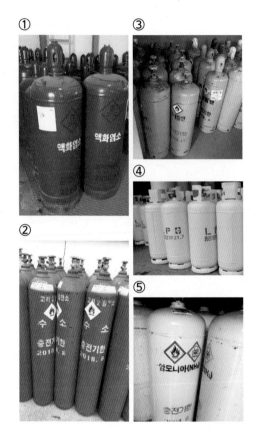

 (1) 독성 (①)
(2) 가연성 (②, ③, ④)
(3) 독성·가연성 (⑤)

7

동영상의 방폭구조에서 ① d, ② ⅡB, ③ T6의 기호
를 설명하시오.

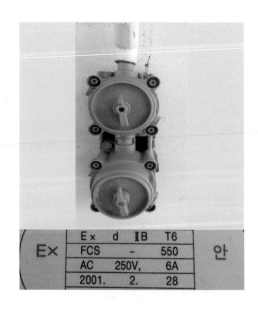

 ① d : 내압방폭구조
② ⅡB : 방폭전기기기의 폭발등급
③ T6 : 방폭전기기기의 온도등급

8

동영상 가스설비의 (1) 명칭을 쓰고, (2) 기화기를 사용하는 공급방식을 무엇이라 하며 그때의 공급방식 3가지를 쓰시오.

 (1) 기화기
(2) 강제기화방식
① 생가스 공급방식
② 공기혼합가스 공급방식
③ 변성가스 공급방식

9

방폭구조에 대하여 (　　)를 채우시오.

> 방폭기기 선정 시 최대안전틈새 범위는 내용적 (①)L이고, 틈새 깊이가 (②)mm인 표준용기 안에서 가스가 폭발할 때 발생 화염이 용기 밖으로 전파하여 가연성 가스에 점화되지 않는 최대값을 나타낸다.

 ① 8
② 25

10

방폭기기의 선정에서 최소점화전류비는 어떠한 가스의 최소점화전류를 기준으로 나타내는가?

 메탄

1

동영상은 소형 저장탱크이다.
(1) 한 장소에 설치 시 충전질량의 합계(kg)는?
(2) 한 장소에 설치 시 설치수는?

 (1) 5000kg 미만
(2) 6기 이하

2

동영상 속 LPG 충전사업소에서 C_3H_8을 10kg 연소
시 공기량(m^3)을 아래의 연소식을 이용하여 계산하
여라.(단, 공기 중 산소의 양은 21%이다)

$C_3H_8 + 5O_2 \rightarrow 3CO_2 + 4H_2O$

해답 $10kg : x m^3 = 44kg : 5 \times 22.4 m^3$

$x = \dfrac{10 \times 5 \times 22.4}{44} = 25.45 m^3$

공기량 $= 25.45 \times \dfrac{100}{21} = 121.21 m^3$

3

동영상의 (1) 시설물의 명칭은?
(2) 이 장치가 설치될 수 있는 탱크의 용량은 몇(L)
이상인가?

 (1) 긴급차단장치
(2) 5000L 이상

4

동영상의 (1) 시설물의 명칭은?
(2) 내부에 설치 시 환기구의 면적기준을 쓰시오.

해답 (1) 로딩암
(2) 바닥면적의 6% 이상

5

동영상의 가스 운반 차량의 적색 삼각기 규격(가로
×세로)을 쓰시오.

 가로 : 40cm, 세로 : 30cm

6

동영상 용기 동판의 두께 차이는 평균 두께의 몇 % 이하인가?

 10% 이하

 용기동판의 두께 차이
① 용접용기 : 평균 두께의 10% 이하
② 무이음용기 : 평균 두께의 20% 이하

(1)

7

LP가스 환기 설비에서
(1) 자연환기의 경우 환기의 면적은 바닥면적 1m²당 몇 cm² 이상인가?
(2) 강제환기의 경우 바닥면적 1m²당 통풍능력을 쓰시오.

(2)

 (1) 300cm² 이상
(2) 0.5m³/min 이상

8

도시가스 배관 사용 전 기밀시험 시 처음에는 상용
압력의 몇 %까지 승압하여야 하는가?

 50%

 50% 승압 후 단계적으로 10%씩 승압

9

동영상의 (1) 저장탱크와 (2) 차량에 고정된 탱크와
의 이격거리는?

(1)

(2)

 3m 이상

10

동영상이 보여주는 특정고압가스의 사용시설은 염
소의 사용시설이다. 이 시설에 방호벽을 설치한다면
그 용량은 몇 kg 이상이어야 하는가?

 300kg 이상

 특정고압가스 사용시설의 방호벽 설치 가능 용량
① 액화가스 : 300kg 이상
② 압축가스 : 60m³ 이상

② 압축가스 : 60m³ 이상

1

동영상 반밀폐식 보일러에서
(1) 배기통의 굴곡수는?
(2) 배기통의 입상높이는?

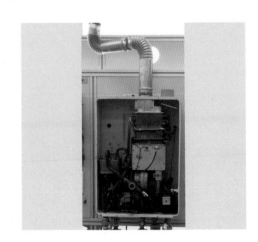

 (1) 4개 이하
(2) 10m 이하

 배기통의 가로 길이 5m 이하

2

동영상 배관에 흐르는 가스의 영어 약자를 보고, 해당가스 명칭을 한글로 쓰시오.

 AG : 아세틸렌
O_2 : 산소
CO_2 : 이산화탄소
AR : 아르곤

3

CNG 자동차 충전시설에서 충전호스의 길이는?

 8m 이하

4

동영상 PE관 상부 전선의 (1) 명칭과 (2) 규격은?

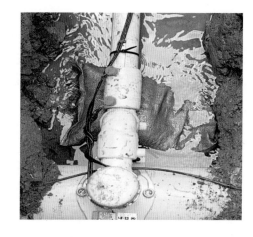

 (1) 로케팅와이어
(2) 6mm² 이상

5

도시가스 배관을 교량에 설치 시 호칭경 100A인 경우 고정 설치 간격은?

 8m

 고정 설치 시 U볼트 등에 절연물을 삽입하여 설치하여야 한다.

6

동영상은 도시가스 중압 이상 배관 상부에 설치되는 시설물이다.
(1) 시설물의 명칭은?
(2) 중압배관에 설치 시 두께(mm)는?

 (1) 보호관
(2) 4mm 이상

 고압 배관에 설치 시 6mm 이상

7

내용적이 1000L 이상인 초저온 용기에서 단열성능 시험의 합격 침투열량의 값(kcal/hr℃L)은?

 0.002kcal/hr℃L 이하

8

도시가스 사용시설의 기밀시험압력을 쓰시오.

 최고사용압력의 1.1배 또는 8.4kPa 중 높은 압력

9

동영상은 자동차 충전 시의 퀵커플러이다. 기밀시험 압력(kPa)은?

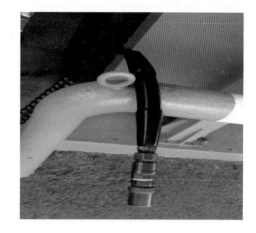

해답 4.2kPa

10

동영상의 보호포를 공동주택 부지 안에 있는 배관에 설치 시 배관 정상부에서 몇 cm 이상 설치하여야 하는가?

해답 40cm 이상

해설 보호포 설치위치

배관 정상부에서 60cm 이상. 단, 공동주택 부지 안 및 사용시설의 배관에 설치 시 배관 정상부에서 40cm 이상

참고 공동주택부지 내 배관의 매설깊이 : 60cm 이상

1

동영상의 원심펌프에서 이상현상 2가지를 쓰시오.

해답 ① 캐비테이션
② 베이퍼록 현상

2

동영상의 방식정류기를 사용하는 전기방식법의 종류는?

방식정류기

해답 외부전원법

3

LP가스 가스누설 검지기에 대하여
(1) 바닥에서 몇 cm 이내에 설치하여야 하는가?
(2) 경보농도는 얼마인가?

 (1) 바닥에서 검지기 상부까지 30cm 이내
(2) 폭발하한계의 $\frac{1}{4}$ 이하

4

공기액화분리장치의 폭발원인 3가지를 쓰시오.

 ① 공기취입구로부터 아세틸렌의 혼입
② 공기 중 질소화합물의 혼입
③ 액체공기 중 오존의 흡입

5

다음은 G/C 분석계이다. 가스분석계 중 기기분석법
의 종류 2가지를 쓰시오.

 ① 가스크로마토그래피법
② 질량분석법

6

LP가스 자동차 용기이다. 안전장치 2가지는?

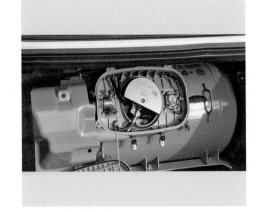

 ① 과류방지밸브
② 과충전방지장치
③ 액면표시장치

7

CNG 충전 시 다단압축기에서 다단압축의 목적 2가지를 쓰시오.

 ① 일량이 절약된다.
② 이용효율이 증대된다.

8

동영상에서
(1) 제작방법에 따른 용기의 종류는?
(2) 이 용기의 제작 시 장점 2가지를 쓰시오.

 (1) 용접용기
(2) ① 경제적이다.
② 모양, 치수가 자유롭다.

9

동영상 제트펌프의 ①, ②, ③의 명칭을 쓰시오.

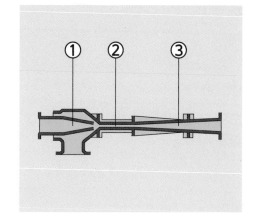

 ① 노즐
② 슬로트
③ 디퓨저

10

공기액화분리장치에서 탱크 내 액화산소의 점검주
기는?

 1일 1회 이상

1

도시가스 정압기실의 지시 부분 ①, ②, ③, ④의 명칭을 쓰시오.

 ① 자기압력기록계
② 이상압력상승방지장치
③ 안전밸브
④ 가스누설 검지기

2

동영상 G/C(가스크로마토그래피) 분석장치에서 캐리어가스 종류 4가지를 쓰시오.

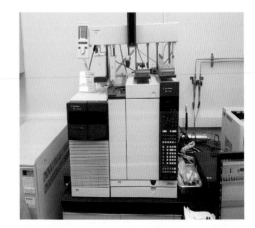

 수소, 헬륨, 질소, 아르곤

3

동영상의 정압기실 가스방출관에서 입구압력
0.5MPa 이상 시 안전밸브 분출구경은?

 50A 이상

 입구압력이 0.5MPa 미만일 경우
① 설계유량 1000Nm³/h 이상 시 : 50A 이상
② 설계유량 1000Nm³/h 미만 시 : 25A 이상

4

동영상에서 지시하는 ①, ②에서 유출되는 가스가
액체인지 기체인지 구별하시오.

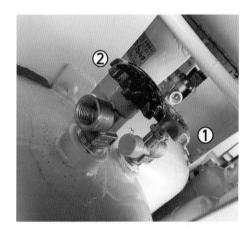

 ① 기체
② 액체

5

C_2H_2의 제조시설에서 지시 부분의 명칭은?

 가용전식 안전밸브

6

동영상에서 산소가스 충전 시 주의사항 4가지를 쓰시오.

 ① 밸브와 용기 사이 가연성 패킹을 사용하지 말 것
② 밸브와 용기 내부에 석유류, 유지류를 제거할 것
③ 기름묻은 장갑으로 취급하지 않을 것
④ 충전은 서서히 하고 최고충전압력 이하로 충전할 것

7

다음 동영상의 안전밸브 형식은?

 파열판식

8

동영상 정압기실에서 저압인 경우 유출(2차) 압력은 몇(kPa)인가?

 1~2.5kPa

9

지하매설이 가능한 관의 종류 3가지를 쓰시오.

 ① 가스용 폴리에틸렌관
② 폴리에틸렌 피복강관
③ 분말융착식 폴리에틸렌 피복강관

10

동영상의 정압기 명칭을 쓰시오.

 AFV 정압기

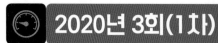
1

동영상의 LPG 자동차 용기에서 ①, ②, ③, ④의 명칭을 쓰시오.

 해답
① 기상밸브
② 액상밸브
③ 충전밸브
④ 긴급차단 솔레노이드 밸브

2

동영상의 ①, ②, ③, ④ 용기 중 충전구 나사가 왼나사인 용기의 번호를 쓰시오.

 해답 ①, ④

3

가스용 PE관의 융착 과정을 순서대로 쓰시오.

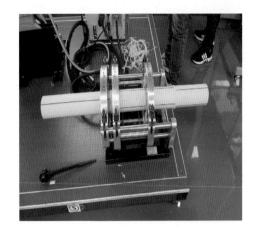

해답 ① 가열 ② 용융 ③ 압착 ④ 냉각

4

LP가스 충전사업소에서 충전 설비와 사업소 경계까지의 거리(m)는?

해답 24m 이상

5

동영상 비파괴 검사법의 명칭은?

해답 RT(방사선투과검사)

6

동영상의 안전밸브 명칭을 쓰시오.

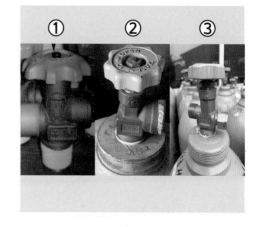

 ① 스프링식
② 가용전식
③ 파열판식

7

동영상 속 밸브의 (1) 명칭과 (2) 작동 동력원 3가지를 쓰시오.

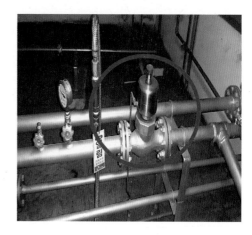

 (1) 긴급차단밸브
(2) 공기압, 전기압, 스프링압

8

다음 PE관에 연결되는 부속품의 명칭을 쓰시오.

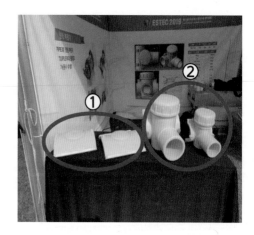

 ① 새들 ② 서비스티

9

동영상 입상관 밸브의 설치 높이(m)는?

 바닥에서 1.6m 이상 2m 이내

 보호상자 내에 설치되어 있는 경우에는 1.6m 미만에 설치 가능하다.

10

동영상에서 보여주는 가스설비의 명칭은?

 T/B(전위측정용 터미널)

1

동영상이 보여주는 각 관의 부속품 ①, ②에 대한 배관 연결의 (1) 이음방법과 (2) 구성요소를 쓰시오.

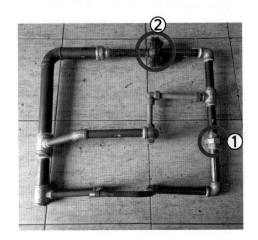

 (1) ① 유니언 이음
　　　② 플렌지 이음
　　(2) ① 나사, 시트, 너트
　　　② 볼트, 너트, 패킹

2

차압식 유량계의 종류 3가지를 쓰시오.

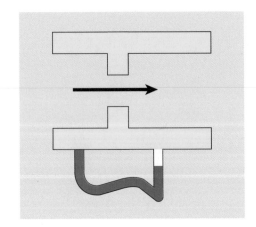

 오리피스, 벤투리, 플로노즐

3

용기검사에서 수조식 내압시험의 특징 3가지를 쓰시오.

 ① 소형용기에 적용된다.
② 팽창이 정확하게 측정된다.
③ 신뢰성이 크다.

4

초저온 액화산소 용기의 비등점은 몇 ℃인가?

 −183℃

5

용접부에 RT검사를 시행하였다. 이 시험에서 용접부에 결함이 발생했다. 결함의 종류를 2가지 쓰시오.

 균열, 언더컷, 오버랩, 슬래그혼입

6

전기방식법 중 직류 전철 등의 누출전류의 영향이
없을 때 사용되는 전기방식법 2가지는?

 ① 외부전원법
② 희생양극법

7

동영상의 초저온 용기에서 사용될 수 있는 용기 재
료는?

 ① 18-8STS
② 9% Ni

8

동영상의 펌프는 왕복펌프이다. 왕복펌프의 종류를
2가지 쓰시오.

 ① 피스톤펌프
② 플런저펌프
③ 다이어프램펌프

9

산소 용기 취급 시 주의하여야 할 물질 3가지는?

 ① 석유류
② 유지류
③ 수분

10

도시가스 배관 용접 후 비파괴 시험을 하지 않아도
되는 배관의 종류를 2가지 쓰시오.

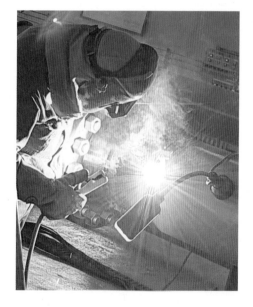

 ① 가스용 폴리에틸렌관
② 저압으로 노출된 사용자 공급관
③ 관경 80mm 미만의 저압매설배관

1

가스 저장실의 방호벽에서 철근콘크리트로 시공 시
방호벽의 두께는?

해답 12cm 이상

2

동영상은 LP가스 단단감압식 조정기이다. 조정압력
이 3.3kPa 이하일 때 작동표준압력은 몇(kPa)인가?

해답 7kPa

해설 ① 작동개시압력 : 5.6~8.4kPa
② 작동정지압력 : 5.04~8.4kPa

3

동영상의 비파괴검사 종류 4가지를 영어 약자로 쓰시오.

 ① PT, ② MT, ③ RT, ④ UT

4

가스미터 선정 시 유의사항 2가지를 쓰시오.

 ① 사용가스에 적합할 것
② 용량에 여유가 있을 것

5

동영상 속 (1) 용기의 명칭을 쓰고 (2) 차량에 적재 시 동일차량에 적재할 수 없는 용기 종류 3가지를 쓰시오.

 (1) 염소
(2) ① 아세틸렌, ② 암모니아, ③ 수소

6

입상밸브의 설치 높이(m)는?

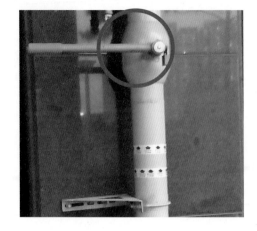

 해답 바닥에서 1.6m 이상 2m 이하

7

동영상의 (1) 가스시설물 명칭과 (2) 역할을 쓰시오.

 해답 (1) 밸브보호캡
(2) 용기의 밸브를 보호하기 위하여 사용되는 보호
용 캡

8

공기액화분리장치에서 (1) C_2H_2와 (2) 탄화수소 중
탄소의 위험한계 질량(mg)을 쓰시오.(단, 액화산소
의 양은 5L이다)

 해답 (1) C_2H_2 : 5mg 이상
(2) 탄화수소 중 탄소 : 500mg 이상

9

맞대기 융착 시
(1) 융착 배관의 공칭외경(mm)은?
(2) 이음부 연결오차는 배관 두께의 몇 % 이하인가?

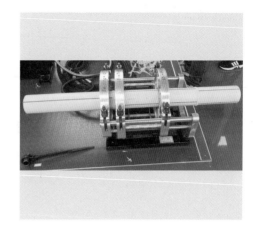

 (1) 90mm 이상
(2) 10% 이하

10

고압배관용접 후 RT 검사 시 내면의 언더컷은 1개의
길이를 몇 mm 이하로 하여야 하는가?

 50mm 이하

1

동영상의 압축기 운전 중 점검사항 2가지를 쓰시오.

 해답 ① 압력 이상 유무
② 온도 이상 유무

2

동영상은 원심펌프이다. 원심펌프의 종류 2가지는?

 해답 ① 볼류트펌프
② 터빈펌프

3

가스용 폴리에틸렌 관에서 SDR 11 이하일 때 최대 사용압력(MPa)은?

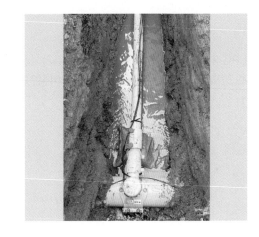

해답 0.4MPa 이하

4

왕복압축기에서 압축매체가 공기일 때
(1) 윤활유의 종류를 쓰시오.
(2) 윤활유 구비조건 2가지를 쓰시오.

해답 (1) 양질의 광유
(2) ① 경제적일 것
② 불순물이 적을 것
③ 점도가 적당할 것

5

1단 감압식 저압 조정기의 장점 2가지는?

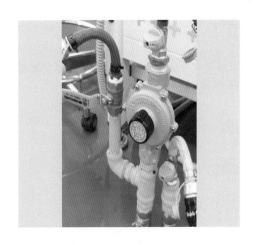

해답 ① 장치가 간단하다.
② 조작이 간단하다.

참고 단점
① 최종압력이 부정확하다.
② 중간배관이 굵어진다.

6

LPG 지상탱크 지면에서 탱크 정상부가 4m일 때 가스 방출관의 높이는 지면에서 몇 m 이상인가?

 6m 이상

 방출관의 위치
지면에서 5m 이상 또는 탱크정상부에서 2m 이상 중 높은 위치

7

LPG 탱크 보관실의 내부 조명도(Lux)는?

 150Lux 이상

8

고압가스 누설 및 위해 발생 시 착용하는 안전장비의 종류 4가지를 쓰시오.

 ① 공기호흡기
② 방독마스크
③ 보호복
④ 보호장화

9

동영상은 탱크로리이다. 1개의 차량에 2개의 탱크를 설치 시 충전관에 설치하는 2가지 밸브의 종류는?

 안전밸브, 긴급탈압밸브

 2개 이상의 탱크를 동일차량에 적재 시 주의사항
① 탱크마다 탱크의 주밸브를 설치할 것
② 탱크 상호 간 탱크와 차량 사이를 단단하게 부착하는 조치를 할 것
③ 충전관에는 안전밸브, 압력계 및 긴급탈압밸브를 설치할 것

10

가스레인지에서 가스가 완전연소하고 있다. 불완전연소가 될 때 그 원인 3가지를 쓰시오.

 ① 공기량 부족
② 환기불량
③ 배기불량

MEMO

MEMO

가스 실기 기능사

Q PASS
원큐패스는 수험생들이 한번에 합격하기를 응원합니다.

원큐패스! 한번에 합격하기

2021년부터 변경 · 적용되는 **필답형** 수록

동영상 과년도 기출문제
필답형 예상문제+모의고사

가스 실기 기능사

원큐패스! 한번에 합격하기

강병남 저

필답형

필답형
(주관식)

핵심이론

고압가스의 기초(고압가스의 분류) 중요 학습내용

1 압력 : 단위면적당 작용하는 힘

$$P = \frac{W}{A}$$

P : 압력(kg/cm²)
W : 하중(kg)
A : 면적(cm²)

(1) 표준대기압

$1[atm] = 1.0332[kg/cm^2] = 76[cmHg] = 14.7[PSI] = 101.325[kPa] = 0.101325[MPa]$

(2) 압력의 종류

① 절대압력 : 완전진공을 0으로 하여 측정한 압력(표시 : a)

② 게이지압력 : 대기압력을 기준으로 하여 측정한 압력(표시 : g)

> 절대압력 = 대기압력+게이지압력 = 대기압력−진공압력

예제

(1) 직경 2cm의 원관에 10kg의 하중이 작용 시 압력[kg/cm²]은?

$$P = \frac{W}{A} = \frac{10kg}{\frac{\pi}{4} \times (2cm)^2} = 3.18[kg/cm^2]$$

(2) 5kg/cm²g의 압력은 절대압력 몇 [kg/cm²a]인가?

절대압력 = 대기압력+게이지압력 = 1.0332+5 = 6.332kg/cm²a

(3) 38cmHgV는 몇 [kg/cm²a]인가?

절대압력 = 대기압력−진공압력 = 76−38 = 38cmHga

$$\therefore \frac{38}{76} \times 1.0332 = 0.516 = 0.52kg/cm^2a$$

---

2 현열·잠열

(1) 현열 : Q = GC(t₂−t₁)

(2) 잠열 : Q = G×r

Q : 열량(kcal)
C : 비열(kcal/kg℃)
t_2, t_1 : 고온, 저온(℃)
r : 잠열량(kcal/kg)

예제

(1) 0℃ 얼음 10kg을 100℃ 물로 만들 때 필요열량[kcal]은? (단, 얼음의 융해잠열은 80kcal/kg 이다.)

Q₁ = Gr = 10×80 = 800kcal

Q₂ = GCΔt = 10×1×100 = 1000kcal

∴Q = Q₁+Q₂ = 800+1000 = 1800kcal

---

(2) 20℃ 물 100kg을 100℃까지 가열 시 C_3H_8을 사용하였다. 이때 사용된 C_3H_8가스의 질량 [kg]은? (단, 효율은 80%, C_3H_8의 발열량은 12000kcal/kg이다.)

C_3H_8 1kg의 발열량은 12000kcal×0.8이므로

$1 : 12000 \times 0.8$

$x : 100 \times 1 \times 80$

$\therefore x = \dfrac{1 \times 100 \times 1 \times 80}{12000 \times 0.8} = 0.83\text{kg}$

3 이상기체의 법칙

(1) 보일의 법칙 : 온도 일정 시 부피와 압력은 반비례

$P_1 V_1 = P_2 V_2$

(2) 샤를의 법칙 : 압력일정 시 부피는 온도에 비례

$\dfrac{V_1}{T_1} = \dfrac{V_2}{T_2}$

(3) 보일 · 샤를의 법칙 : 이상기체의 부피는 절대온도에 비례, 절대압력에 반비례

$\dfrac{P_1 V_1}{T_1} = \dfrac{P_2 V_2}{T_2}$

$P_1 T_1 V_1$: 처음상태의 압력, 온도, 부피
$P_2 T_2 V_2$: 변화 후의 절대압력, 절대온도, 부피

(4) 이상기체 상태식

$PV = \dfrac{W}{M}RT$

P : atm(압력)
M : 분자량
W : 질량(g)
V : 부피(L)
R : 0.082atm·L/mol·K
T : 절대온도(K)

(5) 돌턴의 분압의 법칙 : 이상기체가 가지는 전압력은 각각의 분압의 합과 같다.

$P = \dfrac{P_1 V_1 + P_2 V_2}{V}$

P : 전압
V_1, V_2 : 성분부피
P_1, P_2 : 각각의 분압
V : 전부피

(6) 라울의 법칙 : 혼합기체의 증기압력은 각 성분의 증기압력 몰분율의 곱한 값의 합과 같다.

$P = P_A X_A + P_B X_B$

P : 혼합증기압력
P_A : A의 증기압
P_B : B의 증기압
X_A : A의 몰분율
X_B : B의 몰분율

예제

(1) 100L 10kg/cm² 50℃의 기체가 20℃ 50L로 변하면 압력은 얼마[kg/cm²]인가?

$$\frac{P_1V_1}{T_1} = \frac{P_2V_2}{T_2}$$

$$\therefore P_2 = \frac{P_1V_1T_2}{T_1V_2} = \frac{10\times100\times(273+20)}{(273+50)\times50} = 18.14\text{kg/cm}^2$$

(2) 산소가 용기 속에 20℃ 10m³ 5atm일 때의 질량은 몇 kg인가?

$$PV = \frac{W}{M}RT$$

$$W = \frac{PVM}{RT} = \frac{5\times10\times32}{0.082\times(273+20)} = 66.59\text{kg}$$

(V의 단위가 L이면 W의 단위는 g, V의 단위가 m³이면 W의 단위는 kg이다.)

(3) 공기 중 N_2 : 79%(v), O_2 : 21%(v)일 때 전압이 10atm이면 각각의 분압을 계산하여라.

$$P_N = 10\times\frac{79}{79\times21} = 7.9\text{atm}$$

$$P_O = 10\times\frac{21}{79\times21} = 2.1\text{atm}$$

(4) 산소, 질소가 각각 같은 몰수이며 산소증기압 20atm, 질소증기압 40atm일 때 혼합증기압력[atm]은?

$$P = P_AX_A + P_BX_B$$

$$= 20\times\frac{1}{1+1} + 40\times\frac{1}{1+1} = 30\text{atm}$$

4 고압가스의 분류

(1) 상태별로 분류

① 압축가스 : 용기 내 충전상태가 기체상태

② 액화가스 : 용기 내 충전상태가 액체상태

③ 용해가스 : C_2H_2은 압축하여 충전 시 폭발하므로 녹이면서 충전

(2) 연소성(성질)별로 분류

① 가연성 : 불에 타는(연소 가능) 가스

② 조연성 : 가연성이 연소 시 보조하는 가스

③ 불연성 : 불에 타지 않는 가스

예제

(1) 가연성 가스의 정의를 쓰시오.

　　폭발한계 하한이 10% 이하이거나 폭발상한·하한의 차이가 20% 이상인 가스

(2) 아래 독성가스의 정의에 관한 (　　　)을 채우시오

> (①) : 성숙한 흰쥐의 집단에서 대기 중 1시간 동안 계속 노출, 14일 이내 흰쥐의 50%가 사망할 수 있는 농도로서 허용농도가 100만분의 (②) 이하인 가스

　① LC_{50}　② 5000

(3) 액비중 2인 액의 높이가 10m일 경우 액면하부에 걸리는 압력[kg/cm²]은?

　　$P = SH = 2[kg/L] \times 10[m]$
　　　$= 2[kg/10^3cm^3] \times 1000[cm] = 2kg/cm^2$

　　$1L = 10^3cm^3$　액비중의 단위는 [kg/L]

(4) CH_4, C_3H_8의 기체비중을 계산하시오.

　　$CH_4 = \dfrac{16}{29} = 0.55$

　　$C_3H_8 = \dfrac{44}{29} = 1.52$

제조 · 저장 · 충전장치 중요 학습내용

1 저장탱크

① 물분무장치, 살수장치
② 탱크상호간 이격거리

2 제조장치

① 측정설비(고압가스 관련 설비)
② 방호벽 설치
③ 제조설비간 이격거리
④ 특수반응설비 종류 : 벤트스택, 플레어스택

3 충전장치

① 고압가스 충전장치
② 액화석유가스 충전장치
③ 도시가스 충전장치

01 **고압가스 저장탱크에 필요한 물분무장치에 관한 아래 물음에 답하시오.**

(1) 탱크 외면으로부터 몇 m 떨어진 위치에서 작동 조작원이 설치되어야 하는가?

(2) 탱크 상호간 1m 이상 최대직경의 1/4 길이 중 큰 쪽과 거리를 유지하지 못한 경우

　　① 저장탱크 전표면 분무량[L/min]은?

　　② 준내화 구조일 때 분무량[L/min]은?

(3) 물분무장치가 없는 경우 두 탱크의 직경이 각각 4m, 6m인 경우 탱크 상호간 이격거리는?

> **해답** (1) 15m 이상
> 　　　(2) ① 8　　② 6.5
> 　　　(3) $(4+6) \times \dfrac{1}{4}$ = 2.5m 이상

02 **산업통상자원부령으로 정하는 고압가스 관련 설비 종류 4가지 이상을 쓰시오.**

> **해답** ① 안전밸브
> 　　　② 긴급차단장치
> 　　　③ 역화방지장치
> 　　　④ 독성가스 배관용 밸브

03 **고압가스 제조시설 중 방호벽 설치에 관한 아래 내용 중 (　　)에 적합한 단어를 쓰시오.**

(1) 고압가스 일반제조 시설 중 (①) 가스 또는 압력이 (②) MPa 이상을 충전하는 경우에는 압축기와 당해 충전장소 사이 압축기와 당해 충전용기 보관장소 사이

(2) 특정고압가스 사용시설에는 압축가스의 경우에는 (①) m^3 이상 액화가스 경우에는 (②) kg 이상 사용하는 용기보관실의 벽에 방호벽을 설치하여야 한다.

> **해답** (1) ① C_2H_2　　② 9.8
> 　　　(2) ① 60　　② 300

04 **아래의 각 고압가스 제조시설별 이격거리[m]를 쓰시오.**

(1) 가연성 제조시설과 가연성 제조시설 사이

(2) 가연성 제조시설과 산소가스 제조시설 사이

(3) 액화가스 충전용기와 잔가스 용기 사이

> **해답** (1) 5m 이상
> 　　　(2) 10m 이상
> 　　　(3) 1.5m 이상

05 가연성, 독성 고압설비 중 특수반응설비 또는 긴급차단장치를 설치한 고압가스설비에 이상 사태 발생 시 설비내용물을 긴급 안전하게 이송할 수 있는 설비의 종류 2가지만 쓰시오.

해답 ① 벤트스택
② 플레어스택

06 LPG 사용시설에서 저장능력에 따른 우회거리를 쓰시오.
(1) 저장능력 1톤 미만
(2) 저장능력 1톤 이상 3톤 미만
(3) 저장능력 3톤 이상

해답 (1) 2m 이상
(2) 5m 이상
(2) 8m 이상

07 가연성 가스 충전 전 접지하여야 할 설비 3가지를 쓰시오.

해답 ① 차량에 고정된 탱크
② 충전용으로 사용하는 저장탱크 제조설비
③ 가연성 가스를 용기 저장탱크 등에 이충전하는 설비

08 내진설계에 따른 독성가스 중 제1종 독성가스의 종류를 쓰시오.

해답 염소, 시안화수소, 불소, 포스겐

09 전기방식 효과를 유지하기 위해 절연조치를 하여야 하는 장소 4가지를 쓰시오.

해답 ① 교량횡단 배관의 양단
② 배관과 강제보호관 사이
③ 배관과 지지물 사이
④ 배관과 철근콘크리트 구조물 사이

10 전기방식에 관한 전위 측정용 터미널의 설치 장소를 4가지 쓰시오.

해답 ① 직류전철 횡단부 사이
② 지중에 매설되어 있는 배관 절연부 양측
③ 다른 금속 구조물의 근접 교차 부분
④ 밸브 스테이션

11 **가스누출경보기에 대하여 다음 질문에 답하시오.**

(1) 가스누출경보기 종류에 대해 쓰시오.

(2) 가스누출경보기 설치를 하여야 하는 해당가스를 쓰시오.

> **해답** (1) 접촉연소식, 반도체식, 격막갈바니 전지방식, 기체열전도도식
> (2) 독성가스, 공기보다 무거운 가연성 가스

12 **가스누출경보의 가스별 경보 농도에 대하여 쓰시오.**

(1) 가연성 가스

(2) 독성 가스

> **해답** (1) 폭발하한의 1/4 이하
> (2) TLV–TWA 기준 농도 이하

13 **가스누출경보기의 검지에서 발신까지 걸리는 시간을 가스별로 구분하여 쓰시오.(단, 경보농도 1.6배를 기준값으로 한다)**

(1) NH_3, CO

(2) NH_3, CO 이외의 가스

> **해답** (1) 1분
> (2) 30초

14 **가스누출경보장치에서 설치설비가 LPG배관일 때 검지부의 설치 장소 4가지를 쓰시오.**

> **해답** ① 긴급차단장치 부분
> ② 슬리브관 이중관 밀폐설치 부분
> ③ 누설가스가 체류하기 쉬운 부분
> ④ 방호구조물 등에 의하여 밀폐되어 설치된 배관 부분

15 **가스누출경보기에서 검지부의 설치장소로 부적당한 장소 4가지는?**

> **해답** ① 증기, 물방울 등의 직접 접촉 우려가 있는 곳
> ② 온도가 40℃ 이상인 장소
> ③ 누출가스 유동이 원활하지 못한 장소
> ④ 경보기 파손의 우려가 있는 곳

16 고압가스 안전관리 차원의 과압안전장치에 대한 아래 내용에 부합한 단어를 쓰시오.

(1) 고압가스 설비 내의 압력이 (①) 압력을 초과 시 즉시 그 압력을 (②) 압력 이하로 되돌릴 수 있도록 과압안전장치를 설치한다.

(2) 과압안전장치의 종류 4가지를 쓰시오.

> **해답** (1) ① 상용 ② 상용
> (2) 안전밸브, 파열판, 릴리프밸브, 자동압력제어장치

17 폭발방지장치를 설치하여야 할 탱크에 대하여 2가지 쓰시오.

> **해답** ① 주거지역, 상업지역에 설치되는 저장능력 10t 이상의 LPG 저장탱크
> ② 차량에 고정된 LPG탱크

18 저장탱크에 부압파괴방지조치를 하여야 할 설비 종류를 3가지 쓰시오.

> **해답** ① 압력계
> ② 압력경보설비
> ③ 진공안전밸브

19 과충전방지조치를 하여야 할 독성가스의 종류 8가지를 쓰시오.

> **해답** ① 아황산 ② 암모니아 ③ 염소 ④ 염화메탄
> ⑤ 산화에틸렌 ⑥ 시안화수소 ⑦ 포스겐 ⑧ 황화수소

20 고압가스저장시설에서 아래 가스의 화기와 우회거리를 쓰시오.

(1) 가연성 가스, 산소 가스인 경우

(2) N_2, CO_2인 경우

> **해답** (1) 8m 이상
> (2) 2m 이상

21 냉동제조장치에 사용되는 자동제어장치 종류 4가지를 쓰시오.

> **해답** ① 고압차단장치
> ② 저압차단장치
> ③ 과부하보호장치
> ④ 과열방지장치

22 긴급차단장치의 누출검사 방법에 대하여 (　　)에 적합한 단어 숫자를 쓰시오.

(1) 수압시험방법 : 제조·수리한 경우 (　　) 밸브검사 통칙에서 정한 방법으로 밸브시트 누출을 검사하여 누출하지 않는 것을 사용

(2) 공기, 질소의 압력시험의 경우 분당 누출량이 차압 (①)MPa에서 50mL×[호칭경 mm/(②)mm] (330mL 초과 시는 330mL)를 초과하지 아니하도록 할 것

(3) 부착된 긴급차단장치는 (①) 1회 이상 작동검사 및 (②)검사를 실시할 것

> **해답** (1) KSB 2304
> (2) ① 0.5~0.6　　② 25
> (3) ① 1년　　　② 누출

23 고압가스설비의 내부반응감시장치의 종류 4가지를 쓰시오.

> **해답** ① 온도감시장치
> ② 압력감시장치
> ③ 유량감시장치
> ④ 가스밀도조성 등의 감시장치

24 고정식 압축도시가스 자동차 충전시설에서 가스누출경보장치를 설치하여야 할 장소 4가지를 쓰시오.

> **해답** ① 압축설비 주변
> ② 압축가스 설비 주변
> ③ 개별 충전설비 본체 내부
> ④ 펌프 주변

25 도시가스 제조공정 시 사용되는 촉매 열화원인 4가지는 다음과 같다. ①, ②의 정답을 쓰시오.

> - 단체와 니켈과의 반응에 의한 열화
> - (①) 화합물에 의한 열화
> - (②)의 생성
> - 불순물의 표면적 피복에 의한 열화

> **해답** ① 유황　　　② 카본

26 나프타의 성상과 가스화에 미치는 영향에 관한 PONA값의 의미를 쓰시오.

> **해답** P : 파라핀계 탄화수소
> O : 올레핀계 탄화수소
> N : 나프텐계 탄화수소
> A : 방향족 탄화수소

27 천연가스를 액화하여 액화천연가스로 만들 때 하는 전처리 공정을 4가지만 쓰시오.

해답 제진, 탈황, 탈탄산, 탈수, 탈습

28 도시가스의 주성분인 LNG보다 LPG가 더 위험한 이유를 쓰시오.

해답 LPG는 공기보다 무거워 누설 시 바닥에 체류하고 폭발하한이 낮아 공기보다 가벼운 CH_4에 비하여 폭발 우려가 높다.

29 C_3H_8과 CH_4 가스의 누설검지기를 설치 시 설치 위치와 그 이유를 쓰시오.

해답 ① C_3H_8 : 공기보다 무거워 누설 시 바닥에 체류하므로 설치 위치는 지면에서 검지기 상단부까지 30cm 이내에 설치
② CH_4 : 공기보다 가벼워 누설 시 상부에 체류하므로 설치 위치는 천장에서 검지기 하부까지 30cm 이내에 설치한다.

30 탄화수소에서 탄소의 수가 증가 시 아래 사항의 변화사항을 (높아진다, 낮아진다, 커진다, 좁아진다)로 답하시오.
(1) 폭발범위   (2) 폭발하한   (3) 비등점
(4) 연소열   (5) 발화점   (6) 증기압

해답 (1) 좁아진다.   (2) 낮아진다.   (3) 높아진다.
(4) 커진다.   (5) 낮아진다.   (6) 낮아진다.

31 LP가스의 일반적 특성에 대하여 (   )에 적당한 단어를 쓰시오.

• LP가스는 (①)보다 무겁다.
• 액상의 LPG는 (②)보다 가볍다.
• 기화 시에는 체적이 (③)배 커진다.
• 천연고무는 용해하므로 패킹제로는 합성고무제인 (④)를 사용한다.

해답 ① 공기   ② 물   ③ 250   ④ 실리콘고무

32 LPG의 연소 특성에 대하여 (   )에 알맞은 단어를 쓰시오.

• (①) 온도가 높다.
• (②) 범위가 좁다.
• (③) 속도가 늦다.
• (④)이 크다.

해답 ① 발화   ② 연소   ③ 연소   ④ 발열량

33 나프타의 접촉개질반응 5가지를 쓰시오.

해답 ① 나프타의 탈수소반응
② 파라핀의 황화탈수소반응
③ 파라핀 나프타의 이성화반응
④ 탄화수소의 수소화분해반응
⑤ 불순물의 수소화 정제반응

34 천연가스로부터 LP가스를 회수하는 방법 4가지를 쓰시오.

해답 ① 흡착법
② 냉각수 회수법
③ 유회수법
④ 냉동법

35 원유 및 유전지대의 습성가스에서 회수하는 LP가스의 제법 3가지는?

해답 ① 활성탄에 의한 흡착법
② 압축냉각법
③ 흡수유에 의한 흡수법

36 상압증류장치의 공정에서 ①, ②, ③, ④의 명칭을 쓰시오.

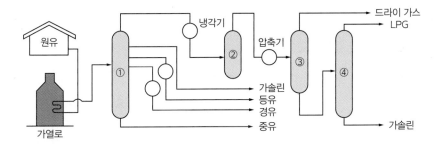

해답 ① 정류탑
② 가스분리기
③ 탈메탄탑
④ 탈프로판탑

37 제유소에서 LP가스의 제조장치 4가지를 쓰시오.

해답 ① 접촉분해장치
② 접촉개질장치
③ 수소화 탈황장치
④ 코킹장치

기화장치·저온장치 중요 학습내용

1 기화장치

(1) 기화방식

① 자연기화방식

② 강제기화방식 : 생가스공급방식, 공기혼합가스 공급방식, 변성가스 공급방식

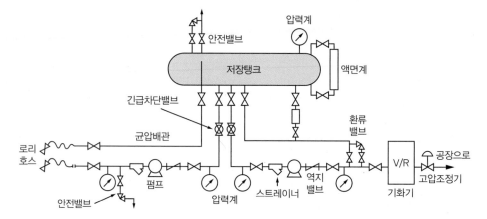

생가스공급방식

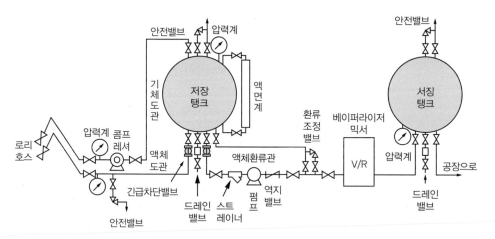

공기혼합가스 공급방식

LP가스를 도시가스로 제조하는 방법 ① 공기혼합방식, ② 직접혼합방식, ③ 변성혼합방식

(2) LP가스의 공기혼합설비

① 벤추리믹서 : 기화한 LP가스를 일정압력으로 노즐에서 분출시켜 노즐내를 감압공기를 흡입하여 혼합하는 방식

② 플로믹서 : LP가스 압력을 대기압으로 하여 플로로서 공기와 함께 흡인하는 방식

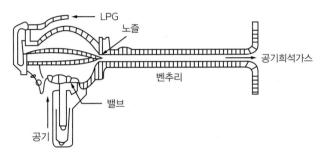

(3) 기화장치의 단열방법

① 상압단열법 : 탱크자체를 기밀로 하여 단열하는 공간에 단열재를 충전하여 단열하는 방법

② 진공단열법 : 단열의 공간을 진공으로 하여 단열하는 방법으로 고진공단열법, 분말진공단열법, 다층진공단열법이 있다.

2 냉동장치

(1) 흡수식 냉동장치

① 4대 주기 : 흡수기→발생기→응축기→증발기

② 흡수식 냉동장치에서 냉매가 NH_3인 경우 흡수제는 H_2O, 냉매가 LiBr일 때 흡수제는 NH_3가 된다.

(2) 증기 압축식 냉동장치

① 4대 주기 : 증발기→압축기→응축기→팽창밸브

② 카르노사이클

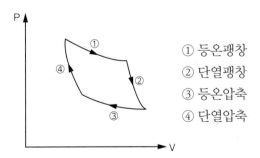

① 등온팽창
② 단열팽창
③ 등온압축
④ 단열압축

(3) 냉매의 구비조건

① 화학적으로 안정되고 금속을 부식시키지 않을 것
② 임계온도가 높고 응고점이 낮을 것
③ 증발잠열이 클 것
④ 열전도율이 좋고 점성이 낮을 것

3 저온장치

(1) 가스액화사이클의 종류

① 린데식 액화장치
② 클로우드식 액화장치
③ 캐피자식 액화장치
④ 필립스식 액화장치
⑤ 가스케이드 액화장치

(2) 가스액화분리장치의 종류

① 한냉발생장치
② 정류장치
③ 불순물제거장치

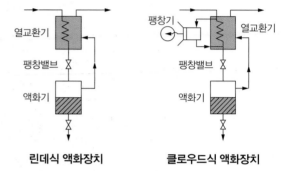

린데식 액화장치　　　클로우드식 액화장치

(3) 공기액화분리장치의 종류

① 고압식 공기액화분리장치
② 저압식 공기액화분리장치
③ 저압식 액산 플랜트

(4) 액분리장치의 팽창기

왕복동식	터보식
• 팽창비 : 40 • 효율 : 60~65% • 처리가스량 : 1000m³/h	• 팽창비 : 5 • 효율 : 80~85% • 처리가스량 : 10000m³/h • 회전수 : 10000~20000rpm

(5) 성적계수와 열효율

① 열펌프의 성적계수

$$\varepsilon_H = \frac{T_1}{T_1 - T_2}$$

② 냉동기의 성적계수

$$\varepsilon_R = \frac{T_2}{T_1 - T_2}$$

③ 열효율

$$\eta_C = \frac{T_1 - T_2}{T_1}$$

T_1 : 고온의 절대온도
T_2 : 저온의 절대온도

(6) 냉동장치의 냉동능력

① 한국 냉동톤 : 1RT = 3320kcal/hr

② 흡수식 냉동설비 : 1RT = 6640kcal/hr

③ 원심식 압축기 : 1RT = 1.2kW

01 기화기의 정의를 쓰시오.

해답 액체가스를 가열하여 기화된 가스를 공급, 대량 수요에 적합한 가스량을 기화시키는 기계장치

02 기화장치에 대한 아래 물음에 답하시오.
(1) 자연기화방식, 강제기화방식의 차이점을 기술하시오.
(2) 강제기화방식의 종류 3가지를 나열하시오.
(3) 강제기화방식의 특징(기화기 사용시 장점)을 쓰시오.
(4) C_3H_8, C_4H_{10}의 비등점과 자연기화방식, 강제기화방식 중 어떠한 방식이 주로 사용되는지 쓰시오.

해답 (1) ① 자연기화방식 : 대기 중의 열을 흡수, 액화가스에 열원을 가하지 않고 기화하는 방식으로 소량 소비처에 사용하는 방식이다.
② 강제기화방식 : 액화가스에 열매체를 가열, 액화가스를 기화시키는 방식으로 대량 수요처에 사용하는 방식이다.
(2) ① 생가스공급방식
② 공기혼합가스공급방식
③ 변성가스공급방식
(3) ① 한냉 시 가스공급이 가능하다.
② 공급가스의 조성이 일정하다.
③ 설치면적이 적어진다.
④ 기화량을 가감할 수 있다.
(4) ① C_3H_8 : 비등점 -42℃, 자연기화방식
② C_4H_{10} : 비등점 -0.5℃, 강제기화방식

03 강제기화방식에서 작동유체에 따른 온도를 쓰시오.
(1) 온수가열식
(2) 증기가열식

해답 (1) 80℃ 이하
(2) 120℃ 이하

04 장치구성형식에 따른 기화기 분류 4가지를 쓰시오.

해답 ① 단관식   ② 다관식
③ 열판식   ④ 사관식

05 LNG 수입기지에서의 기화설비의 구비조건 4가지를 쓰시오.

해답 ① 경제성이 있을 것
② 안정성이 있을 것
③ 수요에 적응할 수 있는 운전성이 있을 것
④ 장기간 사용에 견딜 수 있는 내구성이 있을 것

06 LP가스공기혼합가스 설비 중 벤추리믹서의 특징 2가지를 쓰시오.

해답 ① 동력원을 필요로 하지 않는다.
② 가스분출 에너지 조절에 의해 공기혼합비를 자유로이 바꿀 수 있다.

07 기화기를 사용 시 그 때의 용기는 액상으로 가스가 송출되어야 하는데 이러한 용기의 명칭은 무엇인가?

해답 싸이폰 용기

08 아래에서 설명하는 기화기의 장치 및 밸브의 명칭을 쓰시오.
(1) 이상압력 상승 시 기화기의 파손을 방지하기 위하여 설치되며 압력상승 시 가스가 방출되어 정상압력으로 되돌려지며 사용가스가 독성인 경우에는 방출가스는 중화탱크로, 그밖의 가스는 대기 중에 방출된다.
(2) 기화기에서 가스방출 시 액상으로 방출되는 것을 방지하기 위해 설치되는 장치이다.
(3) 열매체의 온도를 일정범위로 유지하기 위해 설치되는 장치이다.
(4) 열매체의 온도변화를 검출, 열매체의 유입 및 유출을 제어하는 장치이다.

해답 (1) 안전밸브
(2) 액유출방지장치
(3) 온도제어장치
(4) 과열방지장치

09 가연성 가스의 기화장치 접지저항치는 몇 Ω 이하인가?

해답 100Ω 이하

10 아래의 질문에서 ①, ②, ③, ④에 적당한 단어를 쓰시오. (단, ②, ③, ④는 서로 바뀌어도 관계가 없다)

공기의 열전도율보다 낮은 온도를 얻기 위해 단열공간을 진공으로 하여 공기에 의한 전열을 제거하는 단열법을 (①)이라 하며 이것의 종류에는 (②), (③), (④) 단열방법이 있다.

> **해답** ① 진공단열법
> ② 고진공
> ③ 분말진공
> ④ 다층진공

11 어떤 냉동기에서 0℃ 물로 0℃의 얼음 1ton을 만드는 데 30kW의 일량 소요 시 냉동기의 성능계수는 얼마인가? (단, 물의 응고잠열은 80kcal/kg이다.)

> **해답** 성능계수 $= \dfrac{냉동효과}{압축일량} = \dfrac{1000 \times 80}{30 \times 860} = 3.1$
>
> **참고** 1kWh=860kcal/hr

12 어떤 카르노사이클이 27℃와 0℃ 사이에서 작동 시

(1) 열펌프의 성적계수를 구하여라

(2) 냉동기의 성적계수를 구하여라.

> **해답** (1) $\dfrac{T_1}{T_1 - T_2} = \dfrac{(273+27)}{(273+27)-(273+0)} = 11.11$
>
> (2) $\dfrac{T_2}{T_1 - T_2} = \dfrac{273}{(273+27)-(273+0)} = 10.11$

13 시간당 50000kcal/h를 흡수하는 냉동기 용량은 몇 RT인가?

> **해답** 50000÷3320=15.06RT

14 아래에서 설명하는 액화장치의 종류를 쓰시오.

(1) 저압(7atm)의 압축공기로 팽창기인 터빈을 돌려 외부로부터 일을 하게 하여 공기의 엔탈피를 감소, 온도를 강화하여 액화하는 방법이다.

(2) 비점이 점차 낮은 냉매를 사용, 저비점의 가스를 액화하는 사이클이다.

> **해답** (1) 캐피자식 액화사이클
> (2) 캐스케이드 액화사이클

15 가스의 액화분리장치 종류를 3가지 쓰시오.

해답 ① 한냉발생장치
② 정류장치
③ 불순물제거장치

16 저비점용 액체펌프의 사용 시 주의점 4가지를 쓰시오.

해답 ① 펌프는 가급적 저조 가까이 설치한다.
② 펌프의 흡입 토출관에는 신축조인트를 설치한다.
③ 밸브와 펌프 사이에는 기화가스를 방출할 수 있는 안전밸브를 설치한다.
④ 운전 개시 전 펌프를 청정건조한 다음 펌프를 충분히 예냉시킨다.

17 가스액화분리장치의 밸브의 열손실을 줄이기 위한 방법 4가지를 쓰시오.

해답 ① 장축밸브로 열의 전도를 방지한다.
② 열전도율이 적은 재료를 밸브봉으로 사용한다.
③ 밸브 본체의 열용량을 가급적 적게 한다.
④ 누설이 적은 밸브를 밸브재료로 사용한다.

18 저온장치의 운전 및 관리에 있어 일반적 주의사항 4가지를 쓰시오.

해답 ① 재료의 저온취성에 유의한다.
② 설비 배관 등의 온도저하에 의한 수축에 유의한다.
③ 단열재는 불연성 단열재를 사용한다.
④ 장치수리 보수 시 산소부족에 의한 질식사고에 주의한다.
⑤ 밸브의 개폐 시 서서히 개폐한다.

19 공기의 액화장치 중 냉매는 수소, 헬륨 등을 사용하고, 2개의 피스톤이 한 실린더에 설치, 팽창기와 압축기의 역할이 동시에 가능한 액화장치의 명칭은 무엇인가?

해답 필립스식 공기액화장치

20 고압식 공기액화분리장치 내에서 다음에 대하여 답하여라.
(1) 추출되는 액체산소의 순도는 몇 % 정도인가?
(2) 이때 사용되는 왕복압축기의 압력은 몇 atm 정도인가?

해답 (1) 99.6~99.8%
(2) 150~200atm

21 **암모니아 가스 분리장치의 계통도에서 아래 물음에 답하여라.**

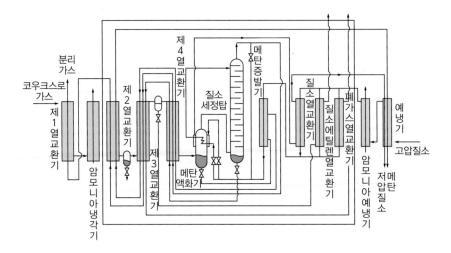

(1) 에틸렌 가스가 액화되어 열교환 되는 곳은 어디인가?

(2) 이 장치에서 수소, 질소의 %는 어느 정도인가?

해답 (1) 제3열교환기
 (2) H_2 : 90%, N_2 : 10%

가스용기·저장탱크·배관설비 중요 학습내용

1 용기

(1) 용기의 구분

① 무이음용기 : 압축가스 및 액화가스 중 CO_2 용기

② 용접용기 : CO_2를 제외한 액화가스용기

(2) 용기의 제조법

무이음용기	• 만네스만식 : 이음새없는 강관을 재료로 하는 방식 • 에르하르트식 : 각 강편을 재료로 하는 방법 • 딥드로잉식 : 강판을 재료로 하는 방식
용접용기	• 심교축 용기 • 동체부에 용접포인트가 있는 방법

(3) 용기의 장점 비교

무이음용기	• 응력 분포가 균일하다. • 고압에 견딜 수 있다.
용접용기	• 경제적이다. • 두께공차가 적다. • 모양치수가 자유롭다.

(4) 용기의 두께(용접용기)

$$t = \frac{PD}{2S\eta - 1.2P} + C$$

t : 용기의 두께[mm] P : 최고충전압력[MPa] (C_2H_2은 1.62배)
D : 내경[mm] η : 용접효율
C : 부식여유치 S : 허용응력[N/mm^2]

참고 부식여유치

용기의 종류		부식여유치(mm)
암모니아	1000L 이하	1mm
	1000L 초과	2mm
염소	1000L 이하	3mm
	1000L 초과	5mm

(5) 용기의 저장능력

① 액화가스용기

$$W = \frac{V}{C}$$

W : 용기 내 충전량[kg]
V : 용기내용적
C : 충전상수
　C_3H_8 : 2.35　　C_4H_{10} : 2.05　　NH_3 : 1.86
　Cl_2 : 0.8　　CO_2 : 1.47

② 압축가스 용기

$$Q = (10P+1)V$$

Q : 저장능력[m³]
P : 35℃의 F_P(최고충전압력) [MPa]
V : 용기내용적[m³]

(6) 용기의 적용압력

① T_P (내압시험압력)
② F_P (최고충전압력)
③ A_P (기밀시험압력)

④ 관계식

$$T_P = F_P \times \frac{5}{3}$$

$$F_P = T_P \times \frac{3}{5}$$

$$\text{안전밸브작동압력} = T_P \times \frac{8}{10}$$

(7) 용기의 내압시험(수조식 내압시험의 특징)

① 소형용기에 적용된다.
② 내압시험압력까지 각 압력에서 팽창이 정확하게 측정된다.
③ 측정결과의 신뢰성이 크다.

2 저장탱크

(1) 구형 저장탱크

① 내용적

$$V = \frac{\pi}{6}D^3 = \frac{4}{3}\pi r^3$$

D : 직경
r : 반경

② 특징

- 모양이 아름답다.
- 동일용량 저장 시 표면적이 적고 강도가 높다.
- 공사가 용이하다.
- 건설비가 저렴하다.

(2) 원통형 저장탱크

$$V = \frac{\pi}{4}D^2 \times L$$

D : 직경[m]
L : 길이[m]

③ 가스배관

(1) 배관의 핵심사항

① 배관 경로 선정 4요소
- 최단거리로 시공할 것
- 가능한 직선 배관으로 설치할 것
- 은폐 매설을 피할 것
- 가능한 옥외에 설치할 것

② 배관 이음부와 다른 시설물과 이격거리
- 전기계량기 개폐기 : 60cm 이상
- 절연조치 한 전선 : 10cm 이상
- LPG 공급시설의 배관 이음부와 절연조치 하지 않은 전선 : 30cm 이상
- 도시가스 사용시설의 배관이음부와 절연조치 하지 않은 전선 : 15cm 이상

(2) 배관의 유량공식

① 저압배관 유량식

$$Q = K\sqrt{\frac{D^5 H}{SL}}$$

Q : 가스유량(m^3/h)
K : 유량계수(저압배관은 0.707, 중고압배관은 52.31)
S : 가스비중
L : 관길이[m]
D : 관경[cm]

② 중고압배관 유량식

$$Q = K\sqrt{\frac{D^5(P_1^2 - P_2^2)}{SL}}$$

P_1 : 초압[kg/cm²a]
P_2 : 종압[kg/cm²a]
H : 압력손실[mmH₂O]

(3) 배관의 압력손실(H)

① 마찰저항에 의한 손실

$$H = \frac{Q^2 \cdot S \cdot L}{K^2 \cdot D^5}$$ 에 의해

- 가스유량의 제곱에 비례
- 가스비중에 비례
- 관길이에 비례
- 관내경의 5승에 반비례

② 관의 입상에 의한 손실

$$h = 1.293(S-1)H$$

h : 압력손실[mmH₂O]
S : 가스비중
H : 입상높이[m]

③ 밸브 안전밸브에 의한 손실

④ 가스미터에 의한 손실

(4) 배관의 신축이음 종류

① 슬리브이음 : 배관 중 슬리브의 관을 이용하여 신축을 흡수

② 스위블이음 : 두 개 이상의 엘보를 이용 신축을 흡수

③ 루프이음 : 배관의 형상을 루프(Ω)모양으로 구부려 신축을 흡수

④ 벨로즈이음 : 배관에 주름관을 이용하여 신축을 흡수

⑤ 상온(콜드)스프링 : 배관의 자유팽창량을 미리 계산하여 관을 짧게 절단하는 방법으로 신축을 흡수하며 이때의 절단 길이는 자유팽창량의 1/2 정도이다.

종류	도시 기호
슬리브이음	⊢──┼──┤
스위블이음	╳╳╳
벨로즈(펙레스)이음	⊢▭▭▭┤
루프이음	Ω

(5) 배관의 신축량 계산

$$\lambda = \ell \times \alpha \times \Delta t$$

λ : 신축량
ℓ : 관의 길이
α : 선팽창계수
Δt : 온도차

(6) 배관의 스케줄번호(SCH)

① $SCH = 10 \times \dfrac{P}{S}$

P : 압력(kg/cm²)
S : 허용응력(kg/mm²)

② $SCH = 1000 \times \dfrac{P}{S}$

P : 압력(kg/mm²)
S : 허용응력(kg/mm²)
SCH(스케줄번호) : 배관의 두꺼운 정도를 나타내는 수치

(7) 배관에 생기는 진동 및 응력의 원인

진동	• 펌프압축기의 가동에 의한 진동 • 안전밸브 분출에 의한 진동 • 관내를 흐르는 유체의 압력 변화에 의한 진동 • 관의 굽힘에 의한 힘의 영향
응력의 원인	• 내압에 의한 응력 • 냉간 가공에 의한 응력 • 열팽창에 의한 응력 • 용접에 의한 응력

(8) 배관재료의 구비조건
① 관내 가스 유통이 원활할 것
② 토양 지하수에 내식성이 있을 것
③ 관의 접합이 용이할 것
④ 누설이 방지될 것
⑤ 절단가공이 용이할 것

(9) 배관시공 시 고려사항
① 배관의 압력손실
② 가스유량 결정
③ 관경의 결정
④ 관길이의 결정

(10) 배관설계 시 관경 결정의 4요소
① 관길이
② 가스유량
③ 가스비중
④ 압력손실

01 고압가스 용기 중 초저온용기에 해당하는 가스 3가지를 쓰시오.

> **해답** 액체산소, 액체아르곤, 액체질소

02 산소용기의 외경이 220mm, 인장강도가 600N/mm², 안전율 0.35일 때 산소 용기의 두께를 계산하시오.

> **해답** $t = \dfrac{PD}{2SE} = \dfrac{15 \times 220}{2 \times 600 \times 0.35} = 7.857 = 7.86$mm
>
> **참고** 압축가스의 Fp(최고충전압력)은 15MPa이다.

03 용기가 가지는 구비조건을 4가지 쓰시오.

> **해답** ① 경량이고 충분한 강도를 가질 것
> ② 내식성, 내마모성을 가질 것
> ③ 저온이나 사용 중에 견디는 연성, 점성, 강도가 있을 것
> ④ 가공성, 용접성이 좋고 가공 중 결함이 없을 것

04 내용적 1500L, 내경 200mm, F$_P$=15MPa, 용접효율 0.75, 인장강도 600N/mm²의 염소 용기 동판의 두께(mm)는?

> **해답** $t = \dfrac{PD}{2S\eta - 1.2P} + C = \dfrac{15 \times 200}{2 \times 600 \times \dfrac{1}{4} \times 0.75 - 1.2 \times 1.5} + 3 = 17.49$mm

05 용접용기의 종류 3가지를 들고, 무이음용기와 비교하여 장점 3가지를 쓰시오.

> **해답** (1) 종류 : C_3H_8, NH_3, Cl_2
> (2) 장점 : ① 두께 공차가 적다.
> ② 모양 치수가 자유롭다.
> ③ 무이음 용기에 비하여 경제적이다.
>
> **참고** 무이음용기의 장점
> ① 고압에 견딜 수 있다.
> ② 응력 분포가 균일하다.

06 C₃H₈, C₄H₁₀ 용기에 대하여 아래 물음에 답하시오.

(1) 용기 도색은?

(2) 밸브의 나사 형식은?

(3) 밸브조작 시 주의사항은?

(4) 충전구 나사 형식은?

해답 (1) 밝은 회색
(2) 오른나사
(3) 서서히 개폐하고 정중히 다룬다.
(4) 왼나사

07 Cl₂ 1000kg을 100L 용기에 충전 시 필요 용기 수를 계산하여라.

해답 용기 1개당 질량

$W = \dfrac{V}{C} = \dfrac{100}{0.8} = 125\text{kg}$ $\therefore\ 1000 \div 125 = 8$개

08 H₂ 용기 100L 110병을 보관할 때 이때의 저장능력 m³을 계산하여라.

해답 $Q = (10P+1)V = (10 \times 15 + 1) \times (0.1 \times 110) = 1661\text{m}^3$

09 액화가스 용기를 과충전 시 위험성과 예방방법을 설명하시오.

해답 (1) 위험성 : 용기의 파열에 의한 2차 폭발 및 공기 중 산소 농도 부족에 의한 질식 또는 독성일 경우 중독의 우려가 있다.

(2) $W = \dfrac{V}{C}$에 계산된 값으로 충전되어야 한다.

10 압축가스 용기에 가스 충전 시 과충전을 예방하기 위해 하는 조치사항을 쓰시오.

해답 최고충전압력 이하로 충전하여야 한다.

11 수조식 용기의 내압시험장치의 특징 3가지를 쓰시오.

해답 ① 보통 소형용기에 적용된다.
② 내압시험압력까지 각 압력에서 팽창이 정확하게 측정된다.
③ 측정 결과의 신뢰성이 크다.

12 내용적 50L 용기에 수압을 가하였더니 50.5L, 수압제거 시 50.025L일 때 이 용기가 내압시험에서 합격할 수 있는지 계산으로 답하시오.

> **해답** 항구증가율 = $\dfrac{\text{항구증가량}}{\text{전증가량}} \times 100 = \dfrac{50.025-50}{50.5-50} \times 100 = 5\%$
>
> ∴ 10% 이하이므로 합격이다.

13 고압가스 용기 파열 시 그 원인 4가지를 쓰시오.

> **해답** ① 용기의 내압력 부족　② 이상 압력의 상승
> ③ 용기의 재질 불량　④ 충격, 타격 등의 난폭한 취급

14 용기를 안전하게 사용하기 위하여 안전관리로 지켜야 할 사항 3가지를 쓰시오.

> **해답** ① 과충전을 하지 않는다.
> ② 용기를 소중히 다룬다.
> ③ 용기의 안전밸브가 정상 작동하도록 점검하여 둔다.

15 용기에 대한 아래 물음에 답하시오.
(1) 초저온에 사용되는 용기의 재질 3가지를 쓰시오.
(2) 용기에 밸브가 파손되지 않도록 설치하는 것은?
(3) 용기를 제작 후 열처리를 하는 목적 2가지는?

> **해답** (1) 오스테나이트계 스텐레스강, 9% Ni, 알루미늄합금
> (2) 캡, 프로덱터
> (3) 잔류응력·가공응력의 제거, 강도의 증가

16 직경 2m, 길이 5m 원통형 저장탱크의 내용적에 기밀시험을 압력 1.8MPa까지 실시하고자 할 때 능력 500L/min의 압축기로 몇 시간이 소요가 되겠는가? (단, 경판은 평판으로 간주하고 Q=(10P+1)V의 식을 이용하여라)

$V = \dfrac{\pi}{4} \times (2\text{m})^2 \times 5\text{m} = 15.70\text{m}^3$

> **해답** ① 기밀시험을 위해 필요한 탱크 전체 공기량은 Q = (10×1.8+1)×15.7 = 298.3m³
> ② 빈탱크라도 대기압만큼의 공기량이 있으므로 보내야 할 공기량은 298.3-15.7 = 282.6m³
> ③ 282.6÷0.5m³/min = 565.2min = 565.2÷60 = 9.42hr

17 반지름 1.5m의 구형 탱크 내용적은 몇 kL인가?

> **해답** $V = \dfrac{\pi}{6}d^3 = \dfrac{\pi}{6} \times (2r)^3 = \dfrac{4}{3}\pi r^3$에서 $\dfrac{4}{3}\pi \times (1.5\text{m})^3 = 14.137 = 14.14\text{kL}$

18 구형 탱크의 특징을 원통형과 비교하여 4가지 쓰시오.

[해답] ① 동일용량 저장 시 원통형에 비해 표면적이 적다.
② 강도가 높다.
③ 누설이 방지된다.
④ 모양이 아름답다.

19 50kg의 LPG 용기의 두께가 3.5mm이다. 용기 운반 중 용기를 낙하하여 용기 내부에 우물의 깊이가 6mm 정도 발생 시 용기의 사용 가능 여부를 설명하시오.

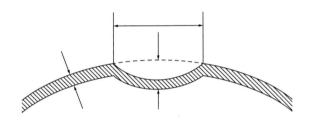

[해답] 우물의 깊이를 A(mm), 용기의 두께를 T(mm)라고 할 때, A $>$ T$\times\dfrac{1}{3}$ 이상이면 사용이 불가능하다.

$3.5\times\dfrac{1}{3}$ = 1.67mm, 우물의 깊이 6mm가 1.67보다 크므로 사용이 불가능하다.

20 액화석유가스용 강제 용기 검사 설비에 대한 아래 (   )를 채우시오.
(1) 내압시험 설비는 (   )MPa 이상 가압이 가능한 수조 및 가압설비로서 뷰렛 및 압력계가 부착된 것
(2) 가압시험 설비는 (①) MPa 이상 가압이 가능한 수주 및 가압설비로서 가압 유지시간을 확인할 수 있도록 (②) 및 (③)가 부착된 것일 것
(3) 기밀시험 설비는 (   )MPa 이상 가압이 가능한 공기압축기 및 침적용 수조로서 용기 이송이 자동으로 이루어지고 누설유무를 쉽게 확인할 수 있는 구조의 것

[해답] (1) 3
(2) ① 3   ② 초침시계   ③ 타이머
(3) 1.8

21 직경 5m 구형탱크의 내압시험 시 탱크에 물을 채울 때 능력 7m³/h의 펌프를 가동 시 시험이 완료되는 시간은 얼마인가?

[해답] V = $\dfrac{\pi}{6}\times(5m)^3$ = 65.4498m³

∴ 65.4498m³÷(7m³/hr) = 6.544 = 6.54시간

22 액비중이 0.52인 C₃H₈을 저장하고 있는 직경 5m의 구형저장탱크에 C₃H₈을 규정량 채우면 그 때의 C₃H₈ 무게(kg)는 얼마인가?

> **해답** $V = \dfrac{\pi}{6} \times (5m)^3 = 65.4498m^3 = 65.4498 \times 10^3 L$
>
> $\therefore W = 0.9dv = 0.9 \times 0.52 \times 65.4498 \times 10^3 = 30630.52kg$

23 가스 수송의 방법 4가지를 쓰시오.

> **해답** ① 용기에 의한 방법
> ② 탱크로리에 의한 방법
> ③ 유조선에 의한 방법
> ④ 철도차량에 의한 방법

24 탱크로리로 가스 수송 시 장점 3가지를 쓰시오.

> **해답** ① 기동성이 아주 양호하다.
> ② 용기보다 다량 수송이 가능하다.
> ③ 철도 전용선과 같이 특별 설비가 필요없다.

> **참고** 용기 수송의 특징
> ① 수송비가 높다.
> ② 단거리 수송에 적합하다.
> ③ 다량의 용기수로 낙하 및 안전관리 상의 문제가 있다.
> ④ 소량 수송에 적합하다.

25 LPG 용기 내부에 충전 전 펜탄을 분리하여야 하는 이유를 쓰시오.

> **해답** 펜탄 존재 시 전열작용이 저하되어 LPG의 기화를 방해하기 때문이다.

26 독성가스 용기를 운반할 경우 주의사항 4가지를 쓰시오.

> **해답** ① 충전용기는 세워서 적재한다.
> ② 차량의 최대 적재량을 초과하지 않도록 적재한다.
> ③ 독성가스 중 가연성과 조연성은 동일차량에 적재하여 운반하지 않는다.
> ④ 충전용기는 자전거 오토바이로 운반하지 않는다.

27 **LPG 저장탱크를 지하에 설치 시 아래 물음에 답하여라.**

(1) 탱크의 재료는?

(2) 탱크실의 천장, 벽, 바닥의 두께는 몇 cm의 어떤 재료로 시공하여야 하는가?

(3) 탱크정상부와 천장과의 이격거리는?

(4) 탱크 상호간의 이격거리는 몇 m 이상인가?

(5) 지상에 설치되는 점검구의 개수를 저장능력별로 기술하시오.

(6) 안전밸브의 가스방출관의 위치는 지면에서 몇 m 이상인가?

> **해답** (1) 레드믹스 콘크리트
> (2) 30cm 이상 방수조치를 한 철근콘크리트
> (3) 60cm 이상
> (4) 1m 이상
> (5) 저장능력 20t 이하 : 1개소, 20t 초과 : 2개소
> (6) 5m 이상

28 **차량고정탱크를 운반 중 주차 필요 시 주차 가능한 장소 3가지를 쓰시오.**

> **해답** ① 1종 보호시설과 15m 이상 떨어진 곳
> ② 2종 보호시설이 밀집되어 있는 지역으로 육교·고가차도는 피할 것
> ③ 교통량이 적고 부근에 화기가 없는 안전하고 지반이 좋은 장소

29 **차량고정탱크 운행 시 주의사항 4가지를 쓰시오.**

> **해답** ① 장기간 운행으로 가스의 온도가 상승되는 것에 주의한다.
> ② 200km 이상 운행 시 반드시 휴식을 취한다.
> ③ 가스온도가 40℃ 이상 시 급유소 등에서 물로서 냉각시킨다.
> ④ 노상 주차 시 직사광선을 피하고 서늘한 곳에 주차한다.

30 **배관이음의 종류를 4가지 쓰고 설명하시오.**

> **해답** ① 나사이음 : 배관의 양단에 나사를 내어 결합
> ② 용접이음 : 배관의 양단을 용접하여 결합
> ③ 납땜이음 : 배관의 양단을 납땜하여 결합
> ④ 플렌지이음 : 배관의 양단에 플렌지를 만들고 사이에 패킹을 끼워 넣고 볼트 너트로 결합

31 **가스배관을 내면에서 수리하는 방법을 4가지 쓰시오.**

> **해답** ① 관 내에 플라스틱 파이프를 삽입하는 방법
> ② 관 내부에 시일제를 도포, 고화시키는 방법
> ③ 관 내에 접합제를 바르고 필름을 내장하는 방법
> ④ 관 내에 시일액을 가압 충전 배출, 이음부의 미소간격을 폐쇄시키는 방법

32 건축물 내 매설 가능한 배관의 재료를 3가지 쓰시오.

> **해답** ① 동관
> ② 가스용 금속플렉시블호스관
> ③ 스테인레스강관

33 가스용 PE관을 노출하여 시공할 수 있는 경우는 어떠한 경우인지 설명하시오.

> **해답** 지상배관과 연결을 위하여 금속관을 사용하여 보호조치를 한 경우로 지면에서 30cm 이하로 노출 시공하는 경우

34 아래 배관의 명칭을 쓰시오.
(1) SPP
(2) SPPS
(3) SPPH

> **해답** (1) 배관용 탄소강관
> (2) 압력 배관용 탄소강관
> (3) 고압 배관용 탄소강관

35 배관 지하매설 시 각각의 이격거리로 맞는 것은?
(1) 지하도로 및 터널
(2) 일반 건축물

> **해답** (1) 10m 이상
> (2) 1.5m 이상

36 배관이 가져야 할 구비조건을 4가지 쓰시오.

> **해답** ① 관내 가스유통이 원활할 것
> ② 토양 지하수 등에 내식성이 있는 것
> ③ 절단 가공이 용이할 것
> ④ 누설이 방지될 것

37 배관에 생기는 응력의 원인을 4가지 쓰시오.

> **해답** ① 열팽창에 의한 응력
> ② 내압에 의한 응력
> ③ 냉간 가공에 의한 응력
> ④ 용접에 의한 응력

38 배관에 생기는 진동의 원인을 4가지 쓰시오.

해답 ① 펌프 압축기에 의한 진동
② 바람 지진에 의한 진동
③ 관의 굽힘에 의한 힘의 영향
④ 관내를 흐르는 유체의 압력 변화에 의한 영향

39 배관의 경로 선정 4요소를 쓰시오.

해답 ① 최단거리로 할 것
② 구부러지거나 오르내림이 적을 것
③ 가능한 옥외에 설치할 것
④ 노출하여 시공할 것

40 저압배관의 유량식을 쓰고 기호를 설명하시오.

해답 $Q = K\sqrt{\dfrac{D^5 H}{SL}}$

Q : 가스유량[m³/h]
D : 관경[cm]
S : 가스비중

K : 폴의 정수 0.707
H : 압력손실[mmH₂O]
L : 관길이[m]

41 시간당 유량 30m³/h, 압력손실 20mmH₂O, 관길이 20m일 때 C₃H₈ 가스를 수송 시 관경은 얼마나 되어야 하는가?

해답 $D^5 = \dfrac{Q^2 \cdot S \cdot L}{K^2 \cdot H}$

$D = \sqrt[5]{\dfrac{(30)^2 \times \left(\dfrac{44}{29}\right) \times 20}{(0.707)^2 \times 20}} = 4.867 = 4.87cm$

42 최초의 압력 160mmH₂O인 지점에서 입상 20m 지점으로 가스를 수송 시 아래 질문에 답하여라.

(1) C₃H₈인 경우 20m 지점에서의 유출압력을 계산하여라.

(2) CH₄인 경우 20m 지점에서의 유출압력을 계산하여라.

(단, 관마찰저항의 압력손실은 무시한다. C₃H₈의 비중 1.52, CH₄은 0.55이다)

해답 (1) h = 1.293(S−1)H = 1.293(1.52−1)×20 = 13.447mmH₂O
∴ 160−13.447=146.55mmH₂O

(2) h = 1.293(S−1)H = 1.293(0.55−1)×20 = −11.637mmH₂O
∴ 160+11.637=171.64mmH₂O

참고 공기보다 무거운 가스는 상부로 향할 때 손실이 생기며 가벼운 가스는 그와 반대로 손실의 반대값이 형성된다.

43 배관에서 발생하는 압력 발생요인 4가지를 쓰시오.

해답 ① 마찰저항에 의한 압력손실
② 관의 입상에 대한 압력손실
③ 가스미터에 의한 손실
④ 밸브 안전밸브에 의한 압력손실

44 C_3H_8의 비중이 1.5일 때, 관길이 400m, 유량 200m³/hr, 압력손실 30mmH₂O일 때 관경은 얼마가 되어야 하는가를 아래 표를 이용하여 결정하시오.

관의 크기	내경
10A	10.52cm
15A	15.55cm
20A	18.55cm
25A	20.85cm

해답 $D = \sqrt[5]{\dfrac{Q^2 \cdot S \cdot L}{K^2 \cdot H}} = \sqrt[5]{\dfrac{200^2 \times 1.5 \times 400}{0.707^2 \times 20}} = 17.41cm$

15.55 〈 17.41 〈 18.55이므로 20A이다.

45 아래의 조건으로 기준의 압력손실에 비하여 압력손실은 어떻게 변화하는가를 쓰시오.
(1) 가스비중이 2배일 때
(2) 관경이 1/2배일 때
(3) 가스유량이 3배일 때
(4) 관길이가 2배일 때

해답 $H = \dfrac{Q^2 \cdot S \cdot L}{K^2 \cdot D^5}$에서

(1) 가스비중이 2배이면 2배

(2) $\dfrac{1}{\left(\dfrac{1}{2}\right)^5} = 32배$

(3) $(3)^2 = 9배$

(4) 관길이가 2배이면 2배

46 LP가스 연소기에서 노즐직경 2mm, 수주 300mmH₂O로 5시간 분출 시 노즐에서 가스분출량 L를 계산하여라. (단, 가스비중은 1.5이다)

해답 $Q = 0.009D^2\sqrt{\dfrac{H}{d}} = 0.009 \times (2)^2 \times \sqrt{\dfrac{300}{1.5}} = 0.509m^3/h$

∴ $0.509 \times 10^3 \times 5 = 2545.58L$

47 유량계수 0.8, 비중 1.52인 LP가스 연소기구 노즐직경 0.5mm에 수주 280mmH₂O에서 3시간 분출되는 가스량(L)을 계산하여라.

해답 $Q=0.011KD^2\sqrt{\dfrac{H}{d}} = 0.011 \times 0.8 \times (0.5)^2\sqrt{\dfrac{280}{1.52}} = 0.0298 m^3/h$

∴ $0.0298 \times 3 \times 10^3 = 89.577 = 89.58L$

48 LPG 도시가스 배관을 신규 설치 시 아래 질문에 답하여라.
(1) 절연저항의 값은?
(2) 그 이후의 절연저항의 값은?

해답 (1) 1MΩ 이상
(2) 0.1MΩ 이상

49 LP가스 사용 시 저장설비에서 연소기 입구까지 설치 가능한 배관의 종류 3가지를 쓰시오.

해답 ① 강관
② 동관
③ 금속플렉시블호스

50 LPG 및 도시가스배관을 설치하려고 할 때 설치 불가능한 장소 4가지를 쓰시오.

해답 ① 환기구 환풍기 내
② 연소가스 배기구 내부
③ 부식성 물질이 있는 곳
④ 낙하물 등 충격이 가해질 수 있는 곳

51 LP가스 배관의 기밀시험압력에 관한 사항이다. 물음에 답하시오.
(1) 압력조정기 출구에서 연소기 입구까지인 경우
(2) (1)의 경우에도 압력이 3.3~30kPa 이하인 경우의 기밀시험압력은?

해답 (1) 8.4kPa 이상
(2) 35kPa 이상

52 도시가스 정압기의 기밀시험압력을 쓰시오.
(1) 입구측
(2) 출구측

해답 (1) 최고사용압력의 1.1배
(2) 최고사용압력의 1.1배 또는 8kPa 중 높은 압력

53 아래의 조건으로 배관에 걸리는 축방향의 응력(kg/mm²), 원주방향의 응력(kg/mm²)을 구하시오.

> • P(내압) : 10kg/cm²   • D(외경) : 200mm   • T(두께) : 5mm

해답 (1) 축방향 응력

$$\sigma_z = \frac{P(D-2t)}{4t} = \frac{10\times(200-2\times5)}{4\times5} = 95kg/cm^2 = 95kg/100mm^2 = 0.95kg/mm^2$$

(2) 원주방향 응력

$$\sigma_t = \frac{P(D-2t)}{2t} = \frac{10\times(200-2\times5)}{2\times5} = 190kg/cm^2 = 190kg/100mm^2 = 1.9kg/mm^2$$

참고 내경이 주어지면 $\sigma_t = \frac{Pd}{2t}$ $\sigma_z = \frac{Pd}{4t}$ 로 계산된다.

> d(내경)=D(외경)−2×t(두께)

1kg/cm² = 100kg/mm²이므로 kg/cm²을 kg/mm²로 변환 시 100만큼 나누어 주어야 한다.

펌프와 압축기 중요 학습내용

1 펌프

(1) 정의

액체에 에너지를 주어 낮은 곳(저압부)에서 높은 곳(고압부)로 송출하거나 액체의 수송 거리가 원거리일 때 사용되는 동력 기기를 말한다.

(2) 분류

① 펌프의 분류

구분	대분류	중분류
터보형	원심식 축류식 사류식	볼류터, 터빈
용적형	왕복식	피스톤, 플렌저, 다이어프램
	회전식	기어, 베인, 나사
특수형	마찰, 기포, 수격, 제트	

② 펌프의 크기

100×90 : 흡입구경 100mm, 송출구경 90mm를 표시

(3) 회전수, 동력, 효율

① 전동기 직결식 펌프의 회전수

$$N = \frac{120f}{P}\left(1 - \frac{S}{100}\right)$$

N : 회전수 rpm
f : 전원의 주파수 60Hz
P : 모터극수
S : 미끄럼율

② 수동력 : 효율이 100%인 동력

$$L_{kW} = \frac{r \cdot Q \cdot H}{102}$$

③ 축동력 : 효율이 100%가 아닌 동력

$$L_{kW} = \frac{r \cdot Q \cdot H}{102\eta}$$

L_{kW} : 동력
r : 비중량[kg/m³]
Q : 유량[m³/s]
H : 양정[m]
η : 효율

④ 마력

$$L_{PS} = \frac{r \cdot Q \cdot H}{75\eta}$$

(4) 펌프 운전 중 회전수 변경 시 변경된 유량(Q_2), 양정(H_2), 동력(P_2)

$$Q_2 = Q_1 \times \left(\frac{N_2}{N_1}\right)^1$$

$$H_2 = H_1 \times \left(\frac{N_2}{N_1}\right)^2$$

$$P_2 = P_1 \times \left(\frac{N_2}{N_1}\right)^3$$

$Q_1 \ Q_2$: 처음, 변경 후의 유량
$H_1 \ H_2$: 처음, 변경 후의 양정
$P_1 \ P_2$: 처음, 변경 후의 동력
$N_1 \ N_2$: 처음, 변경 후의 회전수

(5) 펌프의 이상현상

① 캐비테이션

② 베이퍼록

③ 수격작용(워터 해머)

④ 서징 현상

(6) 수두의 계산

① 압력수두 : $\dfrac{P}{r}$

② 속도수두 : $\dfrac{V^2}{2g}$

r : 비중량[kg/m³]
P : 압력[kg/m²] (kg/cm²×10^4 = kg/m²)
V : 유속[m/s]
g : 중력가속도[9.8m/s²]

(7) 각 펌프의 특성

① 왕복펌프 : 피스톤, 플런저, 다이어프램

② 원심펌프 : 볼류트, 터빈

볼류트 펌프

터빈 펌프

(8) 펌프의 고장원인 대책의 핵심사항

① 펌프의 소음 진동 발생 원인

② 펌프의 토출량이 감소하는 원인 대책

③ 펌프를 운전 중 공기 혼입 시 영향

2 압축기

(1) 정의 : 기체에 압력을 가하여 고압력을 생성한 후
　① 화학반응을 촉진
　② 냉동장치에 적용
　③ 액화가스의 수송
　④ 가스의 저장 운반 등에 이용되는 동력기계

(2) 분류
　① 용적형 : 왕복압축기, 회전압축기
　② 터보형 : 원심압축기, 축류압축기

(3) 각 압축기의 특성
　① 왕복압축기
　② 원심압축기
　③ 회전압축기 중 나사압축기

(4) 윤활유
　① 구비조건
　② 압축기별 윤활유의 종류

(5) 왕복압축기의 피스톤 압출량 계산

$$Q = A \times L \times N$$

A : 실린더 단면적 $\frac{\pi}{4} D^2$
L : 행정[m]
N : 회전수[rpm]
Q : 피스톤압출량[m³/min]

(6) 용량 조정
　① 용량 조정의 목적 : 경부하 운전, 유량감소로 기계장치 보호
　② 왕복압축기의 용량 조정 방법 : 바이패스법, 회전수가감법
　③ 원심압축기의 용량 조정 방법 : 속도제어법, 안내깃각도조정법, 바이패스법

(7) 압축기별 핵심사항
　① 다단압축의 목적 : 일량 절약, 가스 온도상승 방지, 이용효율 증대, 힘의 평형 유지
　② 실린더 냉각의 목적 : 체적·압축효율 증대, 실린더 내 온도상승 방지, 윤활기능 향상

(8) 압축기별 주의사항
　① C_2H_2 압축기 : 급격한 압력상승 방지, 2.5MPa 이상 압축 시 N_2, CH_4, CO, C_2H_4 등 첨가
　② O_2 압축기 : 유지류 금지
　③ H_2 압축기 : 수소 취성 유의

01 펌프의 구비조건을 4가지 쓰시오.

> **해답** ① 고온·고압에 견딜 것
> ② 병렬운전에 지장이 없을 것
> ③ 작동이 확실하고 고장이 적을 것
> ④ 급격한 부하변동에 대응할 수 있는 것

02 원심펌프의 종류를 2가지로 구분하고 그 특징을 서로 비교하여 쓰시오.

> **해답** ① 볼류트펌프 : 안내베인이 없음
> ② 터빈펌프 : 안내베인이 있음

03 왕복펌프의 특징과 원심펌프의 특징을 각각 2가지 이상 쓰시오.

> **해답** ① 왕복펌프
> • 용적형이다.
> • 작용이 단속적이다.
> ② 원심펌프
> • 원심력에 의해 액체를 수송한다.
> • 캐비테이션이나 서징 발생의 우려가 있다.
> • 설치면적이 적다.
> • 액체를 연속 송출할 수 있다.

04 운전 전 공회전을 방지하기 위하여 펌프 내에 액을 채워 넣는 것을 무엇이라 하며 어떤 펌프에 꼭 필요한 조치인가를 쓰시오.

> **해답** ① 프라이밍
> ② 원심펌프

05 회전펌프의 종류 3가지를 쓰시오.

> **해답** ① 기어펌프
> ② 나사펌프
> ③ 베인펌프

06 펌프에서 토출량이 감소하는 원인 4가지를 쓰시오.

> **해답** ① 캐비테이션 발생 시 ② 공기 혼입 시
> ③ 임펠러에 이물질 혼입 시 ④ 관로의 저항이 증대 시

07 펌프의 소음 진동이 발생하는 원인을 3가지 쓰시오.

해답 ① 캐비테이션 발생 시   ② 공기 혼입 시
③ 임펠라에 이물질 혼입 시   ④ 서징 발생 시

08 나사펌프의 특징을 4가지 쓰시오.

해답 ① 소형이고 값이 싸다.   ② 체적 효율이 좋다.
③ 소음 진동이 작다.   ④ 다른 펌프에 비하여 수명이 길다.

09 펌프에서 유효흡입수두(NPSH)에 대하여 설명하시오.

해답 펌프의 흡입구에서 전압력이 그 수온에 상당하는 증기압력에서 어느 정도 높은가를 표시하는 것으로서 공동현상 발생 시 공동현상으로부터 얼마나 안정된 상태로 운전이 되는가를 나타내는 척도이다.

10 캐비테이션 발생을 방지하기 위하여 펌프 흡입구의 압력이 어느 정도 높은가를 나타내는 것의 정의는 무엇인가?

해답 필요유효흡입양정

11 아래 설명을 보고 펌프의 이상 현상의 명칭을 쓰시오.
(1) 유수 중에 그 수온의 증기압보다 낮은 경우 물이 증발을 일으키고 기포를 발생하는 현상
(2) 펌프를 운전 중 주기적으로 규칙 바르게 양정, 유량 등이 변동하는 등 압력계의 지침이 유동하는 현상
(3) 관속에 충만하게 흐르는 관로 중에 정전 등의 원인으로 펌프가 멈춘 경우 심한 속도 변화에 따른 심한 압력의 변화가 생기는 현상
(4) 저비점의 액체를 이송 시 펌프 입구에서 발생하는 현상으로 액의 끓음에 의한 동요

해답 (1) 캐비테이션 현상   (2) 서징 현상
(3) 수격작용   (4) 베이퍼록 현상

12 캐비테이션 방지방법의 종류이다. 잘못된 항목을 지적하고 올바르게 고치시오.
(1) 흡입관경을 좁힌다.
(2) 펌프 설치 위치를 낮춘다.
(3) 회전수를 높인다.
(4) 양흡입 펌프를 사용한다.
(5) 두 대 이상의 펌프를 사용한다.

해답 (1) 흡입관경을 넓힌다.   (3) 회전수를 낮춘다.

13 캐비테이션 발생에 따르는 현상을 3가지 쓰시오.

> **해답** ① 소음 진동
> ② 깃의 침식
> ③ 양정, 효율곡선 저하

14 서징 현상의 발생 원인에 대하여 ( )에 적합한 단어를 쓰시오.

(1) 펌프의 양정곡선이 산고상승부로서 그 사용의 범위가 ( ) 특성일 때

(2) 토출량의 조절밸브가 수조보다 ( )에 있을 때

(3) 토출배관 중 ( ) 또는 공기저장실이 있을 때

> **해답** (1) 우상
> (2) 하류
> (3) 수조

15 아래의 보기는 저비점 액체 펌프 사용 시 주의사항을 나열한 것이다. ( )에 적당한 단어를 쓰시오.

> • 펌프는 가급적 저조 가까이 설치한다.
> • 밸브와 펌프 사이에 기화가스를 방출할 수 있는 (①)를 설치한다.
> • 펌프의 흡입 토출관에는 (②)를 설치한다.
> • 운전 개시 전 펌프를 청정 건조 후 충분히 (③)시킨다.

> **해답** ① 안전밸브　　② 신축조인트　　③ 예냉

16 펌프 축봉장치의 시일 형식 중 아래와 같은 형식의 시일 명칭을 쓰시오.

> • 유독액 인화성이 강한 액일 때 사용
> • 내부가 고진공일 때 사용
> • 기체를 시일할 때 사용
> • 누설되면 응고되는 액일 때 사용
> • 보냉 보온이 필요할 때 사용

> **해답** 더블시일형

17 펌프 축봉장치의 면압 밸런스 시일 중 밸런스 시일이 사용될 수 있는 특징 3가지를 쓰시오.

> **해답** ① 내압이 4~5kg/cm² 이상일 때
> ② LPG와 같은 저비점액일 때
> ③ 하이드로 카본일 때

18 펌프의 터빈성능곡선 ①, ②, ③의 곡선 명칭을 쓰시오.

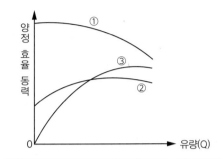

해답 ① 양정곡선
② 축동력곡선
③ 효율곡선

19 물의 압력이 10kg/cm²인 경우 압력수두는 몇 m인가?

해답 $H = \dfrac{P}{r} = \dfrac{10 \times 10^4 \text{kg/m}^2}{10^3 \text{kg/m}^3} = 100\text{m}$

20 관 길이 10m, 유속 5m/s, 관경 20cm인 강관의 관마찰계수 λ=0.03일 때 관마찰손실수두는 몇 m인가?

해답 $h_f = \lambda \dfrac{\ell}{d} \cdot \dfrac{V^2}{2g} = 0.03 \times \dfrac{10}{0.2} \times \dfrac{5^2}{2 \times 9.8} = 1.91\text{m}$

21 원심펌프에서 발생되는 축추력의 발생방지법 4가지를 쓰시오.

해답 ① 평형공을 설치한다.
② 평형판을 설치한다.
③ 드러스트베어링을 사용한다.
④ 다단펌프이면 회전차를 반대 방향으로 배치한다.

22 어떤 펌프에서 각각 읽음의 값이 진공계 4m, 압력계 30m, 양계기 수직거리가 80cm, 흡입토출구경이 동일할 때 전양정은 몇 m인가?

해답 4+30+0.8=34.8m

23 펌프의 체적효율이 $\eta = \dfrac{Q}{(Q+\triangle Q)}$ 일 때 Q와 Q+△Q의 기호를 설명하여라.

해답 Q : 펌프의 송출유량
Q+△Q : 회전차 속을 지나는 유량

24 펌프의 전효율이 65%, 체적효율이 85%, 기계효율이 90%이면 수력효율은 얼마인가?

해답 $\eta = \eta_n \times \eta_v \times \eta_h$

$\eta_h(수력효율) = \dfrac{\eta}{\eta_n \times \eta_v} = \dfrac{0.65}{0.9 \times 0.85} = 0.84967 = 84.97\%$

25 펌프의 흡입관에 공기가 혼합 시 일어나는 현상 3가지를 쓰시오.

해답 ① 펌프기동 불능 초래
② 소음 진동 발생
③ 양수량 감소

26 터보형 펌프의 정지 순서를 쓰시오.

해답 ① 토출밸브를 닫는다.
② 모터를 정지한다.
③ 흡입밸브를 닫는다.
④ 펌프 내 액을 배출한다.

27 왕복압축기의 특징 4가지를 쓰시오.

해답 ① 용적형이다.
② 압축효율이 높다.
③ 오일 윤활식 무급유식이다.
④ 압축이 단속적이다.

28 원심압축기의 특징 4가지를 쓰시오.

해답 ① 원심형이다.
② 무급유식이다.
③ 압축이 연속적이다.
④ 형태가 적고 경량이며 대용량에 적합하다.

29 나사압축기의 특징 4가지를 쓰시오.

해답 ① 용적형이다.
② 무급유 또는 급유식이다.
③ 연속 송출이 가능하다.
④ 고속회전 크기가 적고 경량이다.

30 **왕복압축기의 용량 조정 방법에 대하여 아래 물음에 답하여라.**
(1) 용량 조정의 목적 2가지를 쓰시오.
(2) 연속적으로 용량 조정하는 방법을 4가지 쓰시오.
(3) 단계적 용량조절법을 2가지를 쓰시오.

> **해답** (1) 무부하운전, 소요동력절감, 압축기 보호
> (2) ① 회전수 변경법
> ② 흡입밸브 폐쇄법
> ③ 바이패스밸브에 의한 방법
> ④ 타임드밸브에 의한 방법
> (3) ① 흡입밸브 개방법
> ② 클리어런스밸브에 의한 방법

31 **기계효율의 공식에 대한 ①, ②를 쓰시오.**

$$\eta_m(기계효율) = \frac{(②)}{(①)}$$

> **해답** ① 축동력
> ② 지시동력

32 **왕복압축기 토출량 $Q = A \cdot L \cdot N \cdot \eta_v \cdot 60$일 때 각 기호를 설명하고 단위를 쓰시오.**

> **해답** Q : 토출량[m³/hr]
> A : 단면적[m²]
> L : 행정[m]
> N : 회전수[rpm]
> η_v : 체적효율

33 **직경 D=150mm, 행정 L=200mm, 회전수 N=800rpm, 체적효율 80%인 왕복압축기 토출량 (L/min)은?**

> **해답** $Q = \dfrac{\pi}{4} \times (0.15m)^2 \times (0.2) \times 800 \times 1000 = 2927.43L/min$

> **참고 문제**
>
> 단면적 50cm², 행정 10cm, 회전수 200rpm, 체적효율 80%인 경우 왕복압축기의 피스톤 압출량(L/min)은?
>
> **해답** $Q = 50 \times 10 \times 200 \times 0.8 = 80000cm^3/min = 80L/min$

34 토출압력에 따른 아래의 분류에 해당하는 압력을 기술하시오.

(1) 압축기 : ( )MPa 이상

(2) 송풍기(블로워) : ( )kPa 이상~( )MPa 미만

(3) 통풍기(팬) : ( )kPa 미만

해답 (1) 0.1

(2) 10, 0.1

(3) 10

35 왕복압축기의 체적효율에 영향을 주는 요인을 4가지 이상 쓰시오.

해답 ① 기체 누설에 의한 영향

② 불완전 냉각에 의한 영향

③ 톱클리어런스에 의한 영향

④ 사이드클리어런스에 의한 영향

36 압축비 상승 시 그 영향을 4가지 쓰시오.

해답 ① 체적효율 감소

② 압축효율 감소

③ 실린더 내 온도 상승

④ 윤활 기능 저하

37 압축기의 운전 중 실린더를 냉각 시 그 냉각효과를 4가지 쓰시오.

해답 ① 체적효율증대

② 압축효율증대

③ 윤활기능향상

④ 기계수명연장

38 아래의 사항이 압축기에서 무엇을 결정하는 사항인지를 쓰시오.

• 취급가스량 • 취급가스의 종류 • 최종토출압력 • 연속 운전 여부

해답 압축기의 단수의 결정

39 다단압축을 하는 목적을 4가지 쓰시오.

해답 ① 일량의 절약

② 이용 효율의 증대

③ 힘의 평형 양호

④ 가스의 온도 상승 방지

40 윤활유에 대하여 아래 물음에 답하시오.

(1) 사용목적

(2) 구비조건

해답 (1) ① 마찰 저항 감소

　　　② 기밀보장

　　　③ 마찰열 제거하여 기계효율 향상

　　(2) ① 경제적일 것

　　　② 인화점이 높을 것

　　　③ 불순물이 적을 것

　　　④ 점도가 적당할 것

41 아래 가스의 윤활유를 쓰시오.

가스 종류	윤활유 종류
염소	①
수소	양질의 광유
LP가스	②
이산화탄소	③
아세틸렌	양질의 광유
공기	양질의 광유
산소	④

해답 ① 진한황산

　　② 식물성유

　　③ 화이트유

　　④ 물 또는 10% 이하 글리세린수

42 무급유 압축기란 무엇인지를 쓰시오.

해답 오일 대신 물이나 아무것도 사용되지 않는 급유방식으로 산소 압축기나 식품 양조 공업 등에 사용되는 윤활방식으로 원심이나 나사압축기 왕복압축기에 적용된다.

43 흡입 토출 밸브의 구비조건을 4가지 쓰시오.

해답 ① 개폐가 확실하고 작동이 양호할 것

　　② 충분한 통과 단면을 갖고 유체의 저항에 적을 것

　　③ 운전 중 분해되는 일이 없을 것

　　④ 파손이 적을 것

44 흡입압력이 1kg/cm³이고 최종토출압력이 26kg/cm³g인 3단 압축기의 압축비를 구하여라. (단, 1atm=1kg/cm³으로 계산한다)

해답 $a = \sqrt[3]{\dfrac{P_2}{P_1}} = \sqrt[3]{\dfrac{(26+1)}{1}} = 3$

45 흡입압력이 1kg/cm³이고 압축비가 3인 3단 압축기의 2단 토출압력은 몇 kg/cm³g인가? (단, 1atm=1kg/cm³로 한다.)

해답 $a = \dfrac{P_{01}}{P_1}$ ∴ $P_{01} = a \times P_1 = 3 \times 1 = 3$

$a = \dfrac{P_{02}}{P_{01}}$ ∴ $P_{02} = a \times P_{01} = 3 \times 3 = 9$

∴ $9 - 1 = 8\text{kg/cm}^3\text{g}$

해설

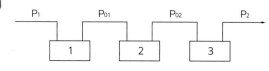

• $a = \dfrac{P_{01}}{P_1}$ ∴ $P_{01} = a \times P_1$

• $a = \dfrac{P_{02}}{P_{01}}$ ∴ $P_{02} = a \times P_{01} = a \times a \times P_1$

• $a = \dfrac{P_2}{P_{01}}$ ∴ $P_2 = a \times P_{02} = a \times a \times a \times P_1$

참고 2단 압축 시 중간압력계산

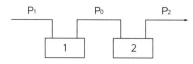

$P_0 = \sqrt{P_1 \times P_2}$

46 가연성 가스를 취급하는 압축기 정지 시 순서를 보기의 번호로 나열하여라.

① 냉각수 밸브를 닫는다.

② 최종 정지 밸브를 잠근다.

③ 전동기 스위치를 열어 둔다.

④ 드레인 밸브를 개방한다.

⑤ 각 단의 압력저하를 확인 후 주흡입 밸브를 닫는다.

해답 ③ → ② → ⑤ → ④ → ①

47 터보형 압축기에서 서징의 방지방법을 4가지 쓰시오.

> **해답** ① 우상 특성이 없게 하는 방법
> ② 방출밸브에 의한 방법
> ③ 안내깃 각도 조정법
> ④ 회전수 가감법

48 아래 ( )에 적당한 단어나 숫자를 쓰시오.

(1) 공기압축기의 윤활유는 재생유 이외의 것으로 잔류 탄소의 질량이 1% 이하인 경우 인화점이 (①)℃ 이상으로서 170℃의 온도에서 (②) 시간 이상 교반하여 분해되지 아니하는 것이어야 한다.

(2) 잔류탄소의 질량이 1% 초과 1.5% 이하인 경우 인화점이 (①)℃ 이상으로서 170℃의 온도에서 (②) 시간 이상 교반하여 분해되지 아니하는 것이어야 한다.

> **해답** (1) ① 200   ② 8
> (2) ① 230   ② 12

49 압축기의 온도가 상승되는 원인 3가지를 쓰시오.

> **해답** ① 윤활유 공급 불량
> ② 압축비 증대
> ③ 가스량 부족

50 터보형 압축기의 회전차의 깃각도에 따라 3가지로 분류하시오.

> **해답** ① 터보형 : 임펠러 출구각이 90°보다 작을 때
> ② 레이디얼형 : 임펠러 출구각이 90°일 때
> ③ 다익형 : 임펠러 출구각이 90°보다 클 때

51 터보압축기 용량 조정 방법 4가지를 써라.

> **해답** ① 흡입밸브 조정법
> ② 토출밸브 조정법
> ③ 속도제어에 의한 방법
> ④ 안내깃 각도 조정법

52 압축기에서 연결탱크의 안전밸브 분출면적에 대한 공식이다. 이 공식의 기호를 설명하고 단위를 쓰시오.

$$a = \frac{W}{2300P\sqrt{\dfrac{M}{T}}}$$

> **해답** p : 안전밸브 분출압력(MPa)g

> **참고** a : 안전밸브 분출면적(cm²)
> W : 시간당 분출가스량(kg/hr)
> M : 분자량(g)
> T : 분출직전의 절대온도(K)

53 C_2H_2 압축기에 대한 주의사항이다. ( )에 적당한 단어를 쓰시오.
(1) C_2H_2 압축기의 재료로 사용하지 못하는 것은 ( ), ( ) 등이다.
(2) 압축기는 폭발을 고려하여 높은 ( )을 피하여야 한다.
(3) 가스를 치환할 때 발생되는 누설가스를 ( )측으로 되돌리는 구조로 하여야 하다.

> **해답** (1) Cu, Hg
> (2) 압력
> (3) 흡입

54 수소 압축기에 대한 주의사항을 2가지 쓰시오.

> **해답** ① 수소는 가벼워 누설에 주의하여야 한다.
> ② 누설 시는 가연성이므로 폭발에 주의하여야 한다.

55 산소 압축기의 주의사항을 쓰시오.

> **해답** ① 윤활제로는 오일 대신 물 또는 10% 이하 글리세린수를 사용하여야 한다.
> ② 오일성분과 접촉 시 연소폭발을 일으키므로 기름혼입에 주의하여야 한다.
> ③ 압력계는 금유라고 표시된 산소 전용의 것을 사용하여야 한다.

가스 사용설비 관리·운용 중요 학습내용

1 정압기

(1) 정의

도시가스 압력을 사용처에 맞게 낮추는 감압기능, 2차측 압력을 허용범위 압력으로 유지하는 정압기능, 가스 흐름이 없을 때는 밸브를 완전히 폐쇄하여 압력상승을 방지하는 폐쇄기능을 가진 기기로서 정압기용 압력 조정기와 그 부속설비를 말한다.

(2) 정압기 부속설비 종류

① 가스차단장치(밸브)
② 정압기용 필터
③ 긴급차단장치
④ 안전밸브
⑤ 압력기록장치
⑥ 통보설비 및 연결된 배관전선

(3) 정압기 종류

① 지구정압기 : 일반도시가스사업자 소유로서 가스도매사업자로부터 공급받은 도시가스 압력을 1차적으로 낮추기 위한 정압기
② 지역정압기 : 일반도시가스사업자 소유시설로서 지구 정압기 또는 가스도매사업자로부터 공급받은 도시가스 압력을 낮추어 다수의 사용자에게 가스를 공급하기 위해 설치하는 정압기

(4) 부속설비 기능

① 이상압력 통보 설비 : 정압기 출구측 압력이 설정압력보다 상승하거나 낮아지는 경우 경보 70dB 이상 등으로 알려주는 설비
② 긴급차단장치 : 정압기의 출구측 압력이 설정압력보다 이상 상승하는 경우 입구측으로 유입되는 가스를 차단하는 장치
③ 안전밸브 : 정압기 압력이 이상 상승 시 자동으로 압력을 대기 중으로 방출하는 밸브

(5) 상용압력

통상 사용상태에서 사용하는 최고압력으로 정압기 출구측 압력이 2.5kPa 이하인 경우에는 2.5kPa를 말하며 그 밖의 것은 일반도시가스사업자가 설정한 정압기의 최대 출구압력을 말한다.

2 조정기-액화석유가스용 압력조정기

(1) 입구압력이 0.1~1.56[MPa]인 조정기
① 1단 감압식 준저압
② 2단 감압식 1차용(용량 100kg/hr 이하)
③ 자동절체식 일체형 저압
④ 자동절체식 일체형 준저압

(2) 1단 감압식 저압조정기
① 입구압력 : 0.07~1.56MPa
② 조정압력 : 2.3~3.3kPa

(3) 압력조정기의 구조
① 사용상태에서 충격에 견디고 빗물이 들어가지 않는 구조
② 출구압력을 변동시킬 수 없는 구조
③ 용량 10kg/h 미만 1단 감압식 저압 및 1단 감압식 준저압조정기는 몸통 덮개를 일반 공구로 분리할 수 없는 구조로 한다.

(4) 최대폐쇄압력 3.5kPa 이하인 조정기
① 1단 감압식 저압조정기
② 2단 감압식 2차용
③ 자동절체식 일체형 저압조정기
※ 2단 감압식 1차용 조정기의 최대폐쇄압력 95.0kPa 이하

3 가스계량기

(1) 사용개요
소비자에게 공급되는 가스의 유량(체적)을 측정, 요금환산의 근거가 된다.

(2) 종류
① 추량식 : 오리피스, 벤추리, 델타, 와류, 선근차식
② 실측식 : 막식 가스미터, 회전식(루트, 오벌), 습식 가스미터

(3) 가스미터 선정 시 주의사항
① 액화가스용일 것
② 용량에 여유가 있을 것
③ 계량법에 정한 유효기간을 만족할 것
④ 기타 외관검사를 행할 것

(4) 가스계량기의 기밀시험 및 압력손실
① 기밀시험압력 : 10kPa 정도
② 압력손실 : 0.3kPa

(5) 가스계량기의 검정 유효기간
① 기준계량기 : 2년
② LPG계량기 : 2년
③ 최대유량 10m³/h 이하 : 5년
④ 기타 계량기 : 8년

(6) 감도유량
① 정의 : 가스미터 눈금이 움직이는 최소유량
② 감도유량의 값
  • 막식 가스미터 : 3L/hr
  • LP가스미터 : 15L/hr

★★ 능력단위별 수행준거 평가 문제 ★★

01 **정압기에 대한 다음 질문에 답하여라.**
(1) 침수위험이 있는 정압기실에는 어떤 조치를 하는가?
(2) 정압기의 입구에는 볼밸브로 가스차단장치를, 여과기로 불순물 제거장치를 하여야 한다.
출구에 설치하여야 하는 장치 2가지와 해당 기기를 같이 쓰시오.

해답 (1) 침수방지조치
(2) ① 이상압력상승방지장치(압력경보설비)
② 가스의 압력을 측정기록 할 수 있는 장치(자기압력기록계)

02 **정압기의 특성을 4가지 쓰시오.**

해답 ① 정특성 ② 동특성
③ 유량특성 ④ 사용최대차압 및 작동최소차압

03 **아래는 정압기의 유량 특성 3종류이다. 해당 형식을 쓰시오.**
(1) 유량 = K×(열림)
(2) 유량 = K×(열림)^2
(3) 유량 = K×(열림)$^{\frac{1}{2}}$

해답 (1) 직선형 (2) 2차형 (3) 평방근형

04 **정압기의 정특성 동작의 3종류이다. 해당되는 동작 정의를 쓰시오.**
(1) 1차 압력의 변화에 의하여 정압곡선이 어긋남
(2) 유량이 영일 때 끝맺음과 압력 P의 차이
(3) 정특성에서 기준유량 Q일 때 2차 압력 P에 설정했다고 하여 유량의 변동 시 2차 압력 P로
부터 어긋난 것

해답 (1) 시프트 (2) 로크업 (3) 오프셋

05 **정압기실 배관 설치 시 바이패스관으로 설치하는 이유를 쓰시오.**

해답 정압기 분해점검을 위하여

참고 정압기 분해점검을 위하여 설치하는 것
① 바이패스관
② 예비정압기

06 아래 직동식 정압기의 (1) 해당 명칭 ①, ②, ③과 (2) 상기 정압기의 2차 압력이 설정압력보다 높을 때 작동원리에 대한 (   )를 채우시오.

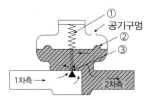

2차측 가스수요량이 감소하면 2차 압력이 (①)을 밀어올리면 (②)가 상부로 움직여 가스유량을 제한함으로 2차 압력을 설정압력으로 회복시킨다.

해답 (1) ① 스프링　② 다이어프램　③ 메인밸브
　　　 (2) ① 다이어프램　② 메인밸브

07 파일로트식 정압기의 종류 2가지를 쓰시오.

해답 ① 파일로트식 언로딩형 정압기
　　　 ② 파일로트식 로딩형 정압기

08 피셔식 정압기, 레이놀드식 정압기 2차 압력 상승 원인 2가지를 쓰시오.

해답 ① 메인밸브에 먼지류에 의한 cut-off 불량
　　　 ② 가스 중 수분동결

09 레이놀드 정압기와 AFV 정압기의 2차 압력 상승 원인 2가지를 쓰시오.

해답 ① 2차압 조절관 파손
　　　 ② 바이패스밸브류 누설

10 도시가스에 사용되는 정압기에 대한 아래 물음에 답하시오.
(1) 도시가스 압력을 1차로 낮추는 정압기의 명칭은?
(2) 가스도매사업자로부터 공급받은 도시가스압력을 낮추어 다수의 사용자에게 설치하는 정압기의 명칭은?
(3) 정압기에서 말하는 상용압력이란 출구압력이 몇 kPa 이하를 말하는가?

해답 (1) 지구정압기
　　　 (2) 지역정압기
　　　 (3) 2.5kPa

11 정압기의 이상감압에 대처할 수 있는 방법이다. (　　)에 알맞은 숫자나 단어를 쓰시오.

(1) 정압기의 (　　)계열 설치

(2) (　　)측 압력 감시장치 설치

(3) (　　) 배관의 루프화

해답 (1) 2　　(2) 2　　(3) 저압

12 아래 설명에 알맞는 각 정압기 기능의 명칭을 쓰시오.

(1) 소요 압력에 알맞게끔 감압하는 기능

(2) 1차 압력과 유량의 범위 내에서 2차 압력을 일정하게 조정하는 기능

(3) 가스 흐름이 없을 때 밸브를 완전히 폐쇄, 2차측 압력상승을 방지하는 기능

해답 (1) 감압기능　　(2) 정압기능　　(3) 폐쇄기능

13 가스용 조정기가 하는 목적에 대하여 아래 (　　)에 적당한 단어 또는 숫자를 쓰시오.

(1) 조정기란 알반소비자가 사용 시 용기나 탱크 등에 가스가 유출되어 최종적인 연소기구에 공급되는 연소기구에 적당한 압력으로 감압, LP가스의 경우 (①)kPa, 도시가스(LNG)의 경우 (②)kPa 정도로 감압시킨다.

(2) 용기 내의 가스소비량의 변화 및 부하변동에 대응 (①)을 유지, 사용이 중단 시 가스의 (②)을 중지한다.

(3) 조정기의 궁극적 목적은 (①)을 조정하여 안정된 (②)를 시키며

(4) 고장 시에는 (①) 및 (②)를 일으킨다.

해답 (1) ① 2.3~3.3　　② 2.5
(2) ① 공급압력　　② 공급
(3) ① 유출압력　　② 연소
(4) ① 누설　　② 불완전연소

14 1단 감압식 저압조정기의 (1) 조정압력 (2) 폐쇄압력을 쓰시오.

해답 (1) 2.3~3.3kPa　　(2) 3.5kPa

15 다음 조정기의 감압방식을 쓰시오.

(1) 용기 내 압력을 한 번에 사용할 수 있는 압력까지 감압하는 방식

(2) 용기 내 압력을 사용(소요) 압력보다 약간 높게 감압한 다음 사용압력까지 감압하는 방식

해답 (1) 1단 감압식　　(2) 2단 감압식

16 폐쇄압력이 3.5kPa인 조정기의 종류 3가지를 쓰시오.

[해답] ① 1단 감압식 저압조정기
② 2단 감압식 2차용 저압조정기
③ 자동절체식 일체형 저압조정기

17 2단 감압방식 조정기의 (1) 장점 (2) 단점을 각각 2가지 이상 쓰시오.

[해답] (1) 장점
① 배관의 입상에 의한 압력 강하를 보정할 수 있다.
② 각 연소기구에 알맞은 압력으로 공급이 가능하다.
③ 중간배관이 가늘어도 된다.
④ 공급압력이 안정하다.
(2) 단점
① 조정기가 많이 든다.
② 검사방법이 복잡하다.
③ 재액화에 문제가 있다.
④ 설비가 복잡하다.

[참고] 1단 감압방식의 장·단점

장점	단점
• 장치가 간단하다.	• 배관이 굵어진다.
• 조작이 간단하다.	• 최종압력이 부정확하다.

18 자동교체 조정기의 장점 4가지를 쓰시오.

[해답] ① 전체용기수가 수동보다 적어도 된다.
② 잔액이 없어질 때까지 소비가 가능하다.
③ 용기교환 주기가 넓다.
④ 분리형 사용 시 1단 감압식 조정기의 경우보다 압력 손실이 커도 된다.

참고 문제

1. 조정압력이 3.3kPa 이하인 압력조정기의 안전장치 작동압력은?
(1) 작동표준압력
(2) 작동개시압력
(3) 작동정지압력

[해답] (1) 7.0kPa　　(2) 5.60~8.4kPa　　(3) 5.04~8.40kPa

2. 조정압력이 3.3kPa 이하인 노즐 직경이 3.2mm 이하인 압력조정기의 분출용량(L/h)은?

[해답] 140L/h 이상

---

19 **가스계량기에 대하여 아래 물음에 답하여라.**
(1) 회전자식 계량기의 종류 3가지를 쓰시오.
(2) 습식계량기의 특징을 3가지 쓰시오.

> **해답** (1) 오벌식, 루트식, 로터리피스톤식
> (2) ① 계량이 정확하다.
> ② 사용중 기차 변동이 없다.
> ③ 실험실용으로 사용된다.

20 **LPG 가스계량기의 검정유효기간은 몇 년인가?**

> **해답** 2년

> **참고** 가스 계량기의 검정유효기간
> • 기준가스계량기 : 2년
> • 10m³/hr가 최대유량인 계량기 : 5년

21 **루트계량기의 특징을 3가지 기술하시오.**

> **해답** ① 대유량의 가스를 측정한다.
> ② 설치면적이 작다.
> ③ 중압의 계량이 가능하다.

22 **다음은 막식가스미터의 고장 원인이다. 각 고장의 정의를 쓰시오.**
(1) 기차가 변화하여 계량법에서 규정된 공차를 넘어서는 고장
(2) 감도유량을 보냈을 때 지침의 시도에 변화가 나타나지 않는 고장
(3) 크랭크축의 이물질의 침투에 의한 고장

> **해답** (1) 기차불량
> (2) 감도불량
> (3) 이물질에 의한 불량

> **참고** • 부동 : 가스계량기의 눈금이 움직이지 않는 고장
> • 불통 : 가스가 가스계량기를 통과하지 못하는 고장

23 **아래 고장의 원인을 보고 어떤 고장인지 답하시오.**
(1) 크랭크축의 녹슮, 날개조절장치 납땜의 떨어짐, 회전장치의 고장으로 가스가 가스미터를 통과하지 않는 고장
(2) 지시장치 기어불량, 밸브탈락, 밸브와 밸브 시트 사이 누설 등으로 가스가 가스미터를 통과하나 눈금이 움직이지 않는 고장

> **해답** (1) 불통   (2) 부동

24 가스계량기의 기밀시험압력은 몇 kPa인가?

해답 10kPa 이상

25 다이어프램식 가스계량기의 특징을 나열하였다. 잘못된 항목을 지적하고 올바르게 수정하시오.

① 대용량의 경우 설치 면적이 커야 한다.　② 일반 수용가에 사용되는 가스계량기이다.
③ 유지관리가 어렵다.　④ 가격이 고가이다.

해답 ③ 유지관리가 비교적 용이하다.
④ 가격이 저렴하다.

26 시험 미터지시량 125m³, 기준 미터지시량 120m³일 때 이 계량기의 기차(%)는 얼마인가?

해답 기차 $= \dfrac{I-E}{I} \times 100 = \dfrac{125-120}{125} \times 100 = 4\%$

27 막식 가스미터의 감도유량의 정의를 쓰시오.

해답 가스미터가 작동하기 위한 최소유량으로 막식 가스미터는 3L/hr 정도이고 LP가스의 경우 15L/h
이다.

28 가스미터 선정 시 주의사항 4가지를 쓰시오.

해답 ① 액화가스용일 것
② 용량에 여유가 있을 것
③ 계량법에 정한 유효기간이 만족될 것
④ 기타 외관 검사를 행할 것

29 가스미터의 설치장소로서 적당한 장소 4가지를 쓰시오.

해답 ① 통풍이 양호한 장소
② 지면에서 1.6m 이상 2m 이내인 장소
③ 검침 수리가 편리한 장소
④ 전기계량기, 전기계폐기와 60cm 이상 떨어진 장소

30 가스미터가 갖추어야 할 기본적 조건 4가지를 쓰시오.

해답 ① 소형이며 용량에 여유가 있을 것　② 감도가 예민할 것
③ 구조가 간단할 것　④ 취급이 용이할 것

온도계, 압력계, 액면계, 유량계, 가스검지기기 등 중요 학습내용

1 계측 기본 단위

길이(m), 질량(kg), 시간(sec), 전류(A), 온도(K), 광도(cd), 물질량(mol)

2 온도계

(1) 접촉식온도계

유리제, 열전대, 바이메탈 온도계

(2) 비접촉식온도계

색, 복사, 광고, 광전관식 온도계

(3) 열전대온도계 종류

PR, CA, IC, CC

3 압력계

(1) 1차 압력계

액주식, 자유피스톤식

(2) 2차 압력계

① 탄성식 : 부르동관, 다이어프램, 벨로즈
② 전기식 : 전기저항, 피에조전기압력계

(3) 오차값

$$\frac{측정값-진실값}{진실값}\times100(\%)$$

4 유량계

(1) 차압식 유량계

① 종류 : 오리피스, 플로노즐, 벤추리
② 압력손실이 큰 순서 : 오리피스, 플로노즐, 벤추리

5 액면계

(1) 초저온탱크에 사용되는 유량계

차압식

(2) LP가스 탱크

① 지상 : 클린카식
② 지하 : 슬립튜브식

6 가스분석

(1) 흡수분석법 종류

오르자트법, 헴펠법, 게겔법

(2) 흡수분석법의 분석순서

① 오르자트법 : $CO_2 \rightarrow O_2 \rightarrow CO$

② 헴펠법 : $CO_2 \rightarrow C_mH_n \rightarrow O_2 \rightarrow CO$

(3) 흡수액

① CO_2 : KOH용액

② O_2 : 알칼리성 피로카롤용액

③ C_mH_n : 발연황산

④ CO : 암모니아성 염화제1동용액

(4) G/C

① 3대 요소 : 분리관, 검출기, 기록계

② 캐리어가스 종류 : H_2, He, N_2, Ar

7 습도계의 종류

건습구습도계, 노점습도계

8 열량계의 종류

융커스식열량계, 컷터해머열량계

01 접촉식 온도계의 종류를 3가지 쓰시오.

해답 ① 수은온도계
② 알콜유리온도계
③ 바이메탈온도계
④ 전기저항식 온도계

02 비접촉식 온도계의 종류를 4가지 쓰시오.

해답 ① 광고온도계
② 광전관식 온도계
③ 복사온도계
④ 색온도계

03 열전대 온도계에 사용되는 측정 소자의 종류를 고온측정용부터 순서대로 나열하여라.

해답 PR, CA, IC, CC

04 열전대 온도계의 열전대 소자의 구비조건을 4가지 쓰시오.

해답 ① 열기전력이 클 것
② 전기저항 및 온도 계수가 적을 것
③ 온도의 상승과 함께 열기전력이 연속적으로 상승할 것
④ 가격이 저렴하고 내열·내식성이 있을 것

05 전기저항식 온도계의 측온저항체의 종류를 사용온도가 높은 순서로 나열하여라.

해답 ① Pt(백금) 측온저항체
② Ni(니켈) 측온저항체
③ Cu(구리) 측온저항체

06 더미스트 온도계의 장점을 4가지 쓰시오.

해답 ① 응답이 빠르다.
② 감도가 좋다.
③ 좁은 장소에서 국소온도측정이 가능하다.
④ 온도계수가 크다.

참고 더미스트온도계 : 온도변화에 따라 저항치가 큰 반도체로서 Ni+Cu+Mn+Fe+Co 등을 압축 소결시켜 만든 전기저항온도계의 일종으로 온도계수가 백금 측온저항체의 10배 정도 크다.

07 열전대 온도계에 대하여 아래 물음에 답하여라.
(1) 측정원리와 발생효과를 쓰시오.
(2) 1600℃까지 측정 가능한 열전대 소자는?
(3) 냉접점의 유지온도는?

> **해답** (1) 열기전력, 제벡 효과
> (2) 백금–백금로듐
> (3) 0℃

08 1차 압력계, 2차 압력계의 종류를 구분하시오.

> **해답**
>
> | 1차 압력계 | 2차 압력계 |
> |---|---|
> | • 자유피스톤식 압력계 | • 부르동관 압력계 |
> | • U자관 압력계 | • 다이어프램 압력계 |
> | • 링밸런스식 압력계 | • 벨로즈 압력계 |
> | • 경사관식 압력계 | • 전기저항 압력계 |

09 압력계 중 탄성식 압력계의 종류 3가지를 쓰시오.

> **해답** ① 부르동관 압력계
> ② 벨로즈 압력계
> ③ 다이어프램 압력계

10 아래의 압력계 (1) (2) (3) (4)와 관계가 있는 사항 abcd를 서로 연결하여라.
(1) 부유피스톤식 압력계 •   • a – 로쉘염
(2) 전기저항 압력계 •   • b – 부식성 유체
(3) 피에조 전기 압력계 •   • c – 2차압력계의 눈금교정용
(4) 다이어프램 압력계 •   • d – 망긴선

> **해답** (1) – c, (2) – d, (3) –a, (4) – b

11 아래 설명에 부합되는 압력계의 명칭을 쓰시오.
(1) 2차 압력계의 대표적 압력계로 압력 측정 범위가 넓어 가장 많이 사용되는 압력계
(2) 신축의 주름관을 이용한 압력계로 미압의 측정에 사용되는 압력계

> **해답** (1) 부르동관 압력계
> (2) 벨로즈 압력계

12 액주식 압력계의 액의 구비조건 4가지를 쓰시오.

해답 ① 모세관 현상이 적을 것
② 액면은 수평을 이룰 것
③ 점도가 적을 것
④ 화학적으로 안정할 것

13 실린더 직경 2cm, 추와 피스톤 무게가 20kg이 압력계에 접속되어 있는 부르동관 압력계의 눈금이 7kg/cm²인 경우 부르동관 압력계의 오차값(%)은 얼마인가?

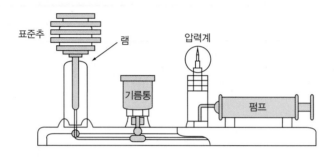

해답 • 게이지압력 $= \dfrac{20kg}{\dfrac{\pi}{4} \times (2cm)^2} = 6.366kg/cm^2$

• 오차값 $= \dfrac{7-6.36}{6.36} \times 100 = 9.955 = 9.96\%$

14 아래와 같은 U자관 압력계의 P_2의 압력은 몇 kg/cm²인가?(단, 수은의 비중은 13.6, 1atm =76cmHg이다.)

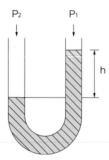

해답 $P_2 = P_1 + 80cm$
$= 76 + 80 = 156cmHg$
$\therefore \dfrac{156}{76} \times 1.033[kg/cm^2] = 2.12kg/cm^2$

15 액비중이 0.5인 LP가스 20L 기화 시 체적은 몇 L가 되는가? (단, 분자량은 44g이다)

> **해답** 0.5kg/L×20L = 10kg = 10000g
>
> $$\therefore \frac{10000}{44}\times 22.4 = 5090.909 = 5090.91L$$

16 간접식 유량계의 종류를 쓰시오.

> **해답** ① 오리피스
> ② 벤추리관
> ③ 피토관
> ④ 로터미터

17 차압식 유량계의 종류 3가지를 압력 손실이 큰 순서로 쓰시오.

> **해답** ① 오리피스
> ② 플로노즐
> ③ 벤추리관

18 차압식 유량계의 측정원리는 무엇인가?

> **해답** 베르누이 정리

19 레이놀드수 Re=(ρ·DV)/μ에서 각 기호를 설명하고 단위를 쓰시오.

> **해답** R_e : 레이놀드수
> ρ : 밀도[g/cm³]
> D : 관경[cm]
> V : 유속[cm/sec]
> μ : 점성계수[g/cm·s]

20 관경이 10cm, 관내 유속이 5m/s인 경우 유량은 몇 m³/h인가?

> **해답** $Q = \dfrac{\pi}{4}\,d^2 \cdot V$
>
> $Q = \dfrac{\pi}{4}\times(0.1m)^2\times 5m/s\times 3600s/hr = 141.37m^3/hr$

21 1cm의 관경을 통과하는 유속이 20m/s인 경우 4cm의 관경을 통과 시의 유속은 얼마인가?

해답 $A_1V_1 = A_2V_2$

$$V_2 = \frac{A_1}{A_2} \times V_1 = \frac{\frac{\pi}{4} \times 1^2}{\frac{\pi}{4} \times (4)^2} = 1.25\text{m/s}$$

22 아래와 같은 물탱크에서 유속 V는 몇 m/s인가?

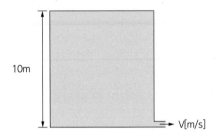

해답 $V = \sqrt{2gH} = \sqrt{(2 \times 9.8 \times 10)} = 14\text{m/s}$

23 내경 50mm, 유속 3m/s로 길이 10m의 관을 통과하는 마찰손실을 계산하여라.(이때의 관마찰계수는 0.03으로 한다)

해답 $h_f = \lambda \dfrac{\ell}{d} \cdot \dfrac{V^2}{2g} = 0.03 \times \dfrac{10}{0.05} \times \dfrac{5^2}{2 \times 9.8} = 7.65\text{m}$

24 직접식 액면계의 종류 4가지를 쓰시오.

해답 ① 유리관식 액면계
② 부자식 액면계
③ 검척식 액면계
④ 편위식 액면계

25 액면계 중 간접식 액면계의 종류 4가지를 쓰시오.

해답 ① 차압식 액면계
② 기포식 액면계
③ 방사선식 액면계
④ 정전 용량식 액면계

26 아래 설명에 부합되는 액면계의 명칭을 쓰시오.

(1) 고압밀폐탱크의 액면측정에 사용되는 액면계

(2) 인화중독의 우려가 없는 곳에 사용되는 액면계 종류 3가지

(3) 지상의 LP가스 탱크에 사용되는 액면계

(4) 아르키메데스의 원리를 이용, 고압진공탱크에 사용되는 액면계

(5) 부식성이 강하고 점도가 높은 액체의 개방탱크에 사용되는 액면계

(6) 초저온 저장탱크에 사용되는 액면계

해답 (1) 차압식 액면계
    (2) 슬립튜브식 액면계, 고정튜브식 액면계, 회전튜브식 액면계
    (3) 클린카식 액면계
    (4) 편위식 액면계
    (5) 기포식 액면계
    (6) 차압식 액면계

27 가스분석법 중 흡수분석법 3가지를 쓰시오.

해답 ① 오르자트법
    ② 헴펠법
    ③ 게겔법

28 오르자트법, 헴펠법의 분석순서와 흡수액의 종류를 쓰시오.

해답 ① 오르자트법 $CO_2 \rightarrow O_2 \rightarrow CO$
    ② 헴펠법 $CO_2 \rightarrow C_mH_n \rightarrow O_2 \rightarrow CO$
    ③ 흡수액
    · CO_2 : KOH용액
    · C_mH_n : 발연황산
    · O_2 : 알칼리성 피로카롤용액
    · CO : 암모니아성 염화제1동용액

29 100mL의 시료가스를 CO_2, O_2, CO의 순으로 흡수시켜 그때마다 남는 부피가 50mL, 30mL, 20mL이 되었을 때의 각 가스의 조성 %를 계산하여라. 마지막의 남은 가스는 N_2로 한다.

해답 $CO_2 = \dfrac{100-50}{100} \times 100 = 50\%$

$O_2 = \dfrac{50-30}{100} \times 100 = 20\%$

$CO = \dfrac{30-20}{100} \times 100 = 10\%$

$N_2 = 100-(50+20+10) = 20\%$

30 가스분석법 중 연소분석법 종류 3가지를 쓰시오.

해답 ① 폭발법
② 완만연소법
③ 분별연소법

31 아래에서 설명하는 가스 분석법의 종류를 쓰시오.

> 연료가스 중의 암모니아를 황산에 흡수시켜 나머지 황산을 수산화나트륨용액으로 적정하는 방법

해답 중화적정법

32 가스크라마토그래피의 분석계에 대한 아래 물음에 답하시오.
(1) 분석계의 종류 2가지는 흡착형 가스크라마토그래피와 분배형 가스크라마토그래피로 구분된다. 흡착형 크라마토그래피의 충전물의 종류 3가지를 쓰시오.
(2) G/C의 측정원리를 쓰시오.
(3) G/C의 3대 요소를 쓰시오.
(4) 캐리어 가스 종류 4가지를 쓰시오.

해답 (1) 활성탄, 활성알루미나, 실리카겔
(2) 캐리어 가스 이동 시 발생되는 친화력, 흡착력이 달라 생기는 이동속도 차이를 이용하여 측정
(3) 분리관, 검출기, 기록계
(4) He, Ne, N_2, H_2

33 석유화학공장에서 가스 누설 이상사태 발생 시 신속하게 검지, 재해를 미연에 방지하기 위한 가스의 검지법 3가지를 쓰시오.

해답 ① 시험지법
② 검지관법
③ 가연성가스 검출기

34 가스의 검지법 중 사용되는 검지관법의 내경은 몇 mm 정도인가?

해답 2~4mm

35 가연성 가스 검출기의 종류 3가지를 쓰시오.

해답 ① 안전등형
② 간섭계형
③ 열선형

36 **아래의 설명에 부합되는 가연성 가스검출기 종류를 쓰시오.**

(1) 탄광 내에서 CH_4의 발생을 검출하는 데 사용되며 원리는 청염 길이에 따른 메탄의 농도가 변화하는 것을 이용하는 방법이다.

(2) 가스의 굴절률 차이를 이용하여 검출하는 방법이다.

(3) 열전도식, 연소식의 2종류가 있으며 전기적으로 가열된 열선으로 연소 시 생기는 전기저항의 변화로 가스를 검지하는 방법이다.

> **해답** (1) 안전등형
> (2) 간섭계형
> (3) 열선형

37 **아래 설명에 해당되는 검출기의 종류를 쓰시오.**

(1) P(인), S(황)의 화합물을 선택적으로 검출할 수 있는 검출기

(2) 구조가 간단, 가장 많이 사용되는 검출기

(3) 탄화수소에 감응이 최고이며 검지감도가 높고 정량 범위가 넓은 검출기

(4) 할로겐 가스(F, Cl) 및 산소화합물에 감응이 최고이며 탄화수소 등에는 감응이 떨어지는 검출기

> **해답** (1) FPD(염광광도검출기)
> (2) TCD(열전도도형검출기)
> (3) FID(수소포획이온화검출기)
> (4) ECD(전자포획이온화검출기)

가스의 특성 중요 학습내용

1 H₂

① 가연성(4~75%)

② 압축가스

③ 확산속도가 가장 빠름

④ 가스 중 최소의 밀도(2g/22.4L)

⑤ 고온 고압 하에서 수소취성을 일으킴

※ 수소취성을 방지하기 위하여 5~6% Cr강에 텅스텐 몰리브덴 등을 첨가하여 부식을 방지함

⑥ 폭명기의 반응식

- 수소폭명기 : $2H_2 + O_2 \rightarrow 2H_2O$
- 염소폭명기 : $H_2 + Cl_2 \rightarrow 2HCl$

2 O₂

① 조연성

② 압축가스(비등점 -183℃)

③ 공기 중의 함유율 : 부피 21%, 중량 23.2%

④ 녹, 이물질, 특히 유지류 접촉 시 폭발이 일어나므로 기름성분 혼입에 유의하여야 함

※ 압력계에는 금유라고 표시된 산소전용의 것을 사용하여야 하며 압축기의 윤활제에는 물 또는 10% 이하 글리세린수를 사용한다.

⑤ 제조법 : 공기액화분리법에 의하여 비등점 차이로 제조한다. 공기 액화 시 O₂(-183℃), Ar(-186℃), N₂(-196℃)의 순서로 제조가 된다.

예제 아래 고압식 액체산소분리장치의 계통도를 보고 물음에 답하시오.

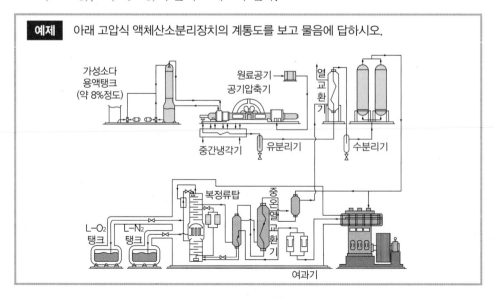

(1) 상기분리장치의 사용목적은 기체공기를 고압 저온으로 L-O₂, L-Ar, L-N₂를 (   )차이로 가스를 액화시키는 공정이다.

    비등점

(2) 공기액화분리장치의 운전 중 즉시 운전을 중지시켜야 하는 경우는?

    ① 액화산소 5L 중 탄화수소 중 탄소의 질량이 (   )㎎ 이상 시

    ② 액화산소 5L 중 아세틸렌의 질량 (   )㎎ 이상일 때

    ③ 공기압축기의 윤활유는?

    ④ 분리장치 내부세정제는?

    ① 500   ② 5   ③ 양질의 광유   ④ CCl₄

(3) 공기액화분리장치의 폭발원인 4가지를 쓰시오.

    ① 공기취입구로부터 C_2H_2의 혼입

    ② 압축기용 윤활유 분해에 따른 탄화수소의 생성

    ③ 액체 공기 중 O_3의 혼입

    ④ 공기 중 질소 산화물의 혼입

(4) 공기액화분리장치의 폭발원인에 대한 대책을 쓰시오.

    ① 장치 내 여과기를 설치한다.

    ② 윤활유는 양질의 광유를 사용한다.

    ③ 공기취입구를 맑은 곳에 설치한다.

    ④ 연1회 CCl₄로 세척한다.

    참고 공기액화분리장치 계통도의 개요

    ① 원료공기 중 먼지를 여과기에서 제거   ② 원료공기 중 CO_2를 CO_2 흡수탑에서 제거

    ③ 먼지, CO_2가 제거된 공기를 압축기에서 압축   ④ 압축된 공기의 수분을 건조기에서 제거

    ⑤ 열교환기 팽창기에서 냉각 액화   ⑥ 비등점 차이에 의해 산소 질소를 분리하여 제조

(5) 공기액화분리장치 내 액화산소 5L 중 CH_4 400mg, C_3H_8 300mg 혼입 시 운전가능여부를 계산으로 판별하여라.

$$\frac{12}{16}\times400+\frac{36}{44}\times300 = 545.454mg$$

    액화산소 5L 중 탄소의 양이 500mg을 넘으므로 즉시 운전을 중지하고 액화산소를 방출하여야 한다.

3 Cl₂

① 조연성

② 독성가스, 액화가스

③ 비등점 : -34℃

④ 제법 : 소금물 전기분해에 의한 수은법과 격막법

    $2NaCl+2H_2O \rightarrow 2NaOH+H_2+Cl_2$

⑤ 누설검지시험지 : KI전분지 변색은 청변

⑥ NH_3와 반응 시 염화암모늄의 흰연기 발생

⑦ 수분과 접촉 시 염산생성으로 급격한 부식을 일으킴

⑧ 염소용기의 안전밸브형식은 가용전식으로 용전의 용융온도는 65~68℃ 정도

4 NH_3

① 가연성

② 독성가스, 액화가스

③ 연소범위 : 15~28%로 방폭구조가 필요없으며 충전용기의 밸브는 오른나사이다.

④ 제조법

- 하버보시법 : $N_2+3H_2 \rightarrow 2NH_3$
- 석회질소법 : $CaCN_2+3H_2O \rightarrow CaCO_3+2NH_3$

※ 물 1에 800배 용해하며 기체 용해도의 법칙이 적용되지 않는다.

※ 제조 시 사용촉매 : 주촉매 Fe_2O_3에 조촉매 Al_2O_3, K_2O, CaO 등을 첨가하여 사용

5 HCN(시안화수소)

① 가연성(6~41%)

② 액화가스

③ 수분 2% 이상 함유 시 중합폭발의 위험이 있어 순도 98% 이상 충전 후 60일이 경과되기 전에 다른 용기에 다시 재충전하여야 한다.

④ 중합방지안정제 : 동, 동망, 염화칼슘, 오산화인

⑤ 제조법 : 앤드류소법, 폼아미드법

6 CO_2

① 불연성

② 액화가스

③ 분자량 44g으로 공기보다 무겁다.

④ 공기 중 0.03% 존재한다.

⑤ 고체 CO_2(드라이아이스) 제조 방법 : 기체 CO_2를 100atm 압축 후 -25℃ 이하로 냉각시킨 후 단열팽창 시킨다.

7 CO

① 가연성(12.5~74%)

② 독성가스, 압축가스

③ 고온·고압 하에서 철, 니켈 등과 화합 시 카보닐을 일으키므로 장치 내면을 라이닝하거나 장치재료에 Ni-Cr계 STS를 사용하여야 한다. 탄소강, 저합금강의 사용은 피하여야 한다.

④ 가스 누설 시 검지에서 발신까지 걸리는 시간은 1분이다.

⑤ 압력을 올리면 폭발범위는 좁아진다. 혼합가스 중 수증기 존재 시 압력과 함께 폭발범위는 증가한다.

⑥ 누설검지시험지는 염화파라듐지(흑변)이다.

8 포스겐($COCl_2$)

① 독성가스(LC_{50} : 5ppm, TLV-TWA : 0.1ppm)

② 제조반응식

$CO + Cl_2 \rightarrow$ (활성탄) $COCl_2$

③ 가수분해 반응식

$COCl_2 + H_2O \rightarrow CO_2 + 2HCl$

④ 부식 : 건조상태에서는 부식성이 없으나 수분존재 시 염산 생성으로 부식이 일어남

9 CH_4

① 가연성(5~15%)

② 천연가스의 주원료

③ 비등점 : -162℃

10 LP가스

① 가연성(C_3H_8 : 2.1~9.5%, C_4H_{10} : 1.8~8.4%)

② 주성분 : C_3H_8, C_4H_{10}

③ 공기보다 무겁다. (비중 : 44/29 = 1.52, 58/29 = 2)

④ 액은 물보다 가볍다. (액비중 0.5 정도)

⑤ 기화·액화가 용이하고 액화가스이다.

⑥ 기화 시 체적이 250배 커진다.

⑦ 천연고무는 용해시키므로 패킹재료로는 합성고무제인 실리콘 고무를 사용하여야 한다.

⑧ LP가스의 연소 특성

• 연소범위가 좁다.

• 연소 속도가 늦다.

• 연소 시 다량의 공기가 필요하다.

• 발열량이 높다.

• 발화온도가 낮다.

11 C_2H_2(아세틸렌)

① 가연성(2.5~81%)

② 용해가스(용제 : 아세톤, DMF)

③ 폭발성

- 분해폭발 : $C_2H_2 \rightarrow 2C + H_2$
- 화합폭발 : $2Cu + C_2H_2 \rightarrow Cu_2C_2 + H_2$
- 산화폭발 : $C_2H_2 + 2.5O_2 \rightarrow 2CO_2 + H_2O$

12 산화에틸렌(C_2H_4O)

① 가연성(3~80%)

② 독성(LC_{50} : 2900ppm, TLV-TWA : 1ppm)

③ 분해와 중합폭발을 동시에 일으키며 산화에틸렌이 금속염화물과 반응 시에는 중합 폭발을 일으킨다.

13 H_2S(황화수소)

① 가연성(4.3~45%)

② 독성(LC_{50} : 144ppm, TLV-TWA : 10ppm)

③ 중화액 : 가성소다 수용액, 탄산소다 수용액

01 수소가스에 관한 아래 물음에 답하시오.

(1) 수소폭명기의 반응식은?

(2) $Fe_3C + 2H_2 \rightarrow CH_4 + 3Fe$의 반응식은 어떤 의미인지 설명하고 이러한 현상이 발생되지 않는 조치사항을 쓰시오.

(3) 수소와 산소의 확산속도비는 얼마인지 계산식으로 답하시오.

해답 (1) $2H_2 + O_2 \rightarrow 2H_2O$

(2) 고온고압하에서 탄소강을 사용한 수소가스 배관에 발생한 강의 탈탄현상이다. 강의 탈탄을 방지하기 위하여 5~6% Cr강에 W, Mo 등을 첨가하여 수소가스 배관 재료로 사용한다.

(3) $\dfrac{U_{수소}}{U_{산소}} = \sqrt{\dfrac{32}{2}} = \sqrt{\dfrac{16}{1}} = \dfrac{4}{1}$

∴ 수소 : 산소 = 4 : 1

02 수소가스의 공업적 제법 2가지만 쓰시오.

해답 ① 물의 전기분해법
② 소금물 전기분해법
③ 천연가스 분해법
④ 석유의 분해법

03 공기를 액화하여 산소를 제조할 때의 건조제 4가지를 쓰시오.

해답 실리카겔, 알루미나, 소바이드, 가성소다

04 공기액화분리장치에서 CO_2와 H_2O를 제거하여야 하는 이유와 제거방법을 쓰시오.

해답 저온장치에서 CO_2는 드라이아이스, H_2O는 얼음이 되어 장치 내를 폐쇄시키므로 제거하여야 한다. CO_2는 NaOH로 흡수시켜 제거, H_2O는 건조제(실리카겔, 알루미나 등)를 이용하여 제거하여야 한다.

05 공기액화분리장치에서 CO_2 1g을 제거하는 데 필요한 NaOH는 몇 g인가? 아래의 반응식을 이용하여라.

$$2NaOH + CO_2 \rightarrow Na_2CO_3 + H_2O$$

해답 $2NaOH + CO_2 \rightarrow Na_2CO_3 + H_2O$에서

$2 \times 40g : 44g$

$xg : 1g$

∴ $x = \dfrac{2 \times 40 \times 1}{44} = 1.82g$

06 아래 염소가스의 조건으로 물음에 답하여라.

> • 분자식 Cl_2 • 액비중 1.44 • 가스의 정수 0.8

(1) 염소가스의 기체비중을 구하여라.

(2) 액체염소 10kg이 기화 시 기체 몇 L가 되는가? (단, 액 1L 기화 시 460배가 팽창한다.)

(3) 800L의 용기에 충전할 수 있는 질량(kg)을 계산하고 그 때의 용기 내 안전공간(%)을 계산하여라.

해답 (1) $\dfrac{71}{29}$ = 2.448 = 2.45

(2) 10kg÷1.44(kg/L) = 6.94L

∴ 6.94×460 = 3194.44L

(3) W = $\dfrac{V}{C}$ = $\dfrac{800}{0.8}$ = 1000kg

안전공간(%)은 충전량 1000kg이므로, 1000kg÷1.44(kg/L) = 694.44L

∴ $\dfrac{800-694.44}{800}$ ×100 = 13.19%

07 NH_3에 관한 아래 물음에 답하시오.

(1) NH_3 가스의 폭발범위를 쓰시오.

(2) NH_3의 중화액 3가지를 쓰시오.

(3) 하버보시법에 의한 제조반응식을 쓰시오.

(4) NH_3 17kg 분해 시 그때 생성되는 수소의 부피는 몇 m³인가?

해답 (1) 15~28%

(2) 물, 묽은 염산, 묽은 황산

(3) $N_2 + 3H_2 \rightarrow 2NH_3$

(4) $2NH_3 \rightarrow N_2 + 3H_2$

34kg : 3×22.4m³

17kg : xm³

∴ x = $\dfrac{17×3×22.4}{34}$ = 33.6m³

08 냉매액으로 사용되는 NH_3액이 피부에 닿았을 때의 영향과 대책 방안을 쓰시오.

해답 ① 영향 : 비등점 −33℃로 동상 및 독성가스에 의한 중독의 우려가 있다.

② 대책 : 다량의 물로 씻어내고 피크린산 용액을 바르고 눈 주변에 접촉 시에는 2% 붕산액으로 세척한다.

09 40L의 CO_2의 용기에 (1) 충전 CO_2의 중량(kg)을 계산하고 (2) STP 상태의 부피(m^3)를 계산하시오.

해답 (1) $W = \dfrac{V}{C} = \dfrac{40}{1.47} = 27.21$kg

(2) $\dfrac{27.21}{44} \times 22.4 = 13.85 m^3$

참고 충전상수 C의 값

Cl_2 : 0.8 C_3H_8 : 2.35 C_4H_{10} : 2.05 NH_3 : 1.86 CO_2 : 1.47

10 HCN과 C_2H_4O의 특징에 대하여 빈칸에 알맞은 수치 단어를 채우시오.

(1)

가스명　＼　항목	폭발범위	TLV-TWA 기준농도	안정제 2가지 이상
HCN	①	②	③
C_2H_4O	④	⑤	⑥

(2) HCN이 불안정하게 되는 수분 함유량(%)은?

(3) C_2H_4O 충전 시 안정제를 충전 시 충전압력(MPa)은?

해답 (1) ① 6~41% ② 10ppm ③ 동, 동망 ④ 3~80% ⑤ 1ppm ⑥ N_2, CO_2

(2) 2% 이상

(3) 0.4MPa 이상

11 CO가 고온고압 하에서 카보닐(침탄)을 일으킬 때의 2가지 반응식을 쓰시오.

해답 ① $Fe + 5CO \rightarrow Fe(CO)_5$

② $Ni + 4CO \rightarrow Ni(CO)_4$

12 CH_4 가스의 제조방법 4가지를 쓰시오.

해답 ① 유기물의 발효법

② 석유정제의 분해가스로부터 제조

③ 석탄의 고압건류로부터 제조

④ 천연가스로부터 제조

13 C₂H₂의 공정도를 보고 물음에 답하여라.

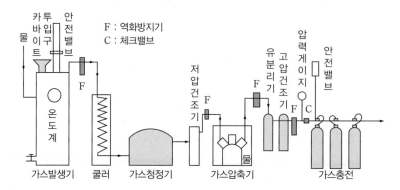

(1) C₂H₂ 발생기의 형식 3가지는?
(2) 분해폭발을 일으키는 반응식을 쓰시오.
(3) C₂H₂ 충전 시 사용되는 용제와 다공물질의 종류를 2가지씩 쓰시오.
(4) 가스청정기에서 하는 역할을 쓰시오.
(5) C₂H₂ 제조 시 발생되는 불순물의 종류 4가지를 쓰시오.

해답 (1) 주수식, 투입식, 침지식
(2) $C_2H_2 \rightarrow 2C + H_2$
(3) ① 용제 : 아세톤, DMF ② 다공물질 : 석면, 규조토
(4) 불순물을 제거
(5) PH_3, H_2S, SiH_4, NH_3

14 C₂H₂ 취급 시 동함유량 62% 이상을 사용 시 위험성에 대하여 기술하시오.

해답 $2Cu + C_2H_2 \rightarrow Cu_2C_2 + H_2$
CuC_2(동아세틸라이트) 생성으로 약간의 충격에도 폭발의 우려가 있다.

15 다공물질의 구비조건을 4가지 기술하시오.

해답 ① 경제적일 것
② 화학적으로 안정할 것
③ 고다공도일 것
④ 가스충전이 쉬울 것

16 C₂H₂ 제조장치에서 (1) 불순물 존재 시 영향 (2) 불순물을 제거할 수 있는 청정제 종류를 3가지 쓰시오.

해답 (1) C₂H₂의 순도 저하 : C₂H₂이 아세톤에 용해되는 것으로, 저하와 폭발의 원인이 된다.
(2) 카타리솔, 리가솔, 에퓨렌

17 다공물질의 용적이 150m³, 침윤잔용적이 50m³일 때 다음 질문에 답하여라.

(1) 다공도는 몇 %인가?

(2) 법령상의 다공도는 몇 % 이상 몇 % 미만이어야 하는가?

해답 (1) 다공도(%) $= \dfrac{V-E}{V} \times 100 = \dfrac{150-50}{150} \times 100 = 66.67\%$

(2) 75% 이상 92% 미만

18 C_2H_2 가스를 충전 시 가스압축기에 대한 아래 물음에 답하여라.

(1) 가스압축기를 수중에서 작동시키는 이유와 그 때 수온과 회전수를 쓰시오.

(2) 가스압축기는 ① 몇 MPa 이하로 충전시켜야 하는가? ② 만약 규정압력 이상으로 충전한 다면 그 때의 조치사항을 기술하여라.

해답 (1) 20℃ 이하, 100rpm 이하

(2) ① 2.5MPa 이하

② N_2, CH_4, CO, C_2H_4 등의 희석제를 첨가하여야 한다.

19 C_2H_2 제조 시 발생기의 구비조건 4가지를 쓰시오.

해답 ① 안전성이 있을 것

② 구조가 간단하고 취급이 편리할 것

③ 가열·지열 발생이 적을 것

④ 산소의 역류·역화 시 발생기에 위험이 미치지 않을 것

20 C_2H_2 용기에 다공물질을 충전 시 다음 질문에 답하여라.

(1) 용기 직경의 얼마 이상의 틈이 있으면 안되는가?

(2) 다공물질이 고형인 경우 용기벽을 따라 얼마(mm) 이상의 틈이 허용되지 않는가?

(3) C_2H_2 용기 충전 시 다공물질을 충전하여야 하는 이유를 쓰시오.

해답 (1) 1/200

(2) 3mm

(3) 용기를 미세간격으로 구분하여 그 공간으로 확산하여 분해폭발의 기회를 만들지 않고 분해 폭발이 발생하여도 용기 전체로 영향을 미치게 되는 것을 방지하기 위하여

21 C_2H_4O에 대하여 (1) 폭발범위를 쓰고 (2) 위험도를 계산하시오.

해답 (1) 3~80%

(2) 위험도 $= \dfrac{U-L}{L} = \dfrac{80-3}{3} = 25.67$

22 C₃H₈ 10kg을 기화 시 몇 L가 되는지 계산하시오.
(단, 액비중 0.5, 액 1L은 250배가 된다.)

> **해답** $10\text{kg} \div 0.5(\text{kg/L}) = 20\text{L}$
> $\therefore 20 \times 250 = 5000\text{L}$

23 C₃H₈ 가스의 표준상태에서의 하한값 ㎎/L를 계산하시오.

> **해답** $\dfrac{44 \times 10^3\text{mg}}{22.4\text{L}} \times 0.021 = 41.25\text{mg/L}$

24 LPG의 정의를 쓰시오.

> **해답** 액화석유가스

25 LPG의 주성분 4가지를 쓰시오.

> **해답** C₃H₈, C₃H₆, C₄H₁₀, C₄H₈

26 C₃H₈의 (1) 연소반응식을 쓰고, (2) 10kg 연소 시 공기량(m³)을 구하시오.

> **해답** (1) $C_3H_8 + 5O_2 \rightarrow 3CO_2 + 4H_2O$
> (2) $C_3H_8 + 5O_2 \rightarrow 3CO_2 + 4H_2O$
> $44\text{kg} : 5 \times 22.4\text{m}^3$
> $10\text{kg} : (\text{산소량})x\text{m}^3$
> $\therefore x = \dfrac{10 \times 5 \times 22.4}{44} = 25.45\text{m}^3$
> 공기량 $= 25.454 \times \dfrac{100}{21} = 121.21\text{m}^3$

27 C₃H₈과 C₄H₁₀가 60:40으로 혼합되어 있는 혼합가스 1m³이 있다. 이때의 공기량은 몇 m³인가?

> **해답** $C_3H_8 + 5O_2 \rightarrow 3CO_2 + 4H_2O$
> $C_4H_{10} + 6.5O_2 \rightarrow 4CO_2 + 5H_2O$ 이므로
> $[(5 \times 0.6) + (6.5 \times 0.4)] \times \dfrac{100}{21} = 26.67\text{m}^3$

28 C₃H₈과 C₄H₁₀ 가스의 비중을 계산하시오.

> **해답** C₃H₈ : $\dfrac{44}{29} = 1.52$
> C₄H₁₀ : $\dfrac{58}{29} = 2$

29 C₃H₈ 액 1L는 기체 250배가 된다. 10kg이 기화 시 차지하는 체적(m³)을 구하여라.(단, 액비중은 0.5이다)

해답 10kg ÷ 0.5kg/L = 20L
$\therefore$ 20×250 = 5000L = 5m³

30 LP가스 발열량이 24000kcal/m³일 때 발열량 6000kcal/m³으로 하기 위하여 희석하여야 할 공기량(m³)을 구하고 희석가능여부를 판별하시오.

해답 $\dfrac{24000}{1+x} = 6000$

$(1+x)\times 6000 = 24000$

$\therefore x = \dfrac{24000}{6000} - 1 = 3m^3$

가스농도 $= \dfrac{1}{1+3} \times 100 = 25\%$

폭발범위 2.1~9.5를 벗어나므로 희석이 가능하다.

가스위해예방작업 중요 학습내용

1 고압장치 운전 중 주의사항

2 고압장치 운전정지 후 수리보수 시 주의사항

3 독성가스 설비 내 안전관리자가 들어갈 때 설비 내 유지농도

① 독성가스 : TLV-TWA 기준농도 이하

② 가연성가스 : 폭발하한계의 1/4 이하

③ 공기 중 산소의 유지농도 : 18% 이상 22% 이하 유지

4 안전장치 설치기준

(1) 안전밸브의 가스방출관 설치 위치

① 지상탱크 : 지면에서 5m 이상 탱크정상부에서 1m 이상 중 높은 위치

② 지하탱크 : 지면에서 5m 이상

(2) 긴급차단장치

① 일반고압가스 제조 및 액화석유가스, 일반도시가스사업법 기준 : 내용적 5000L 이상의 탱크에 설치하고 조작위치는 탱크 외면 5m 이상 떨어진 3곳 정도

② 특정고압가스 제조 및 가스도매사업법 기준 : 내용적 5000L 이상의 탱크에 설치하고 조작위치는 탱크외면 10m 이상 떨어진 3곳 정도

5 설비의 운전 중 점검사항

① 압력이상유무점검

② 온도이상유무점검

③ 윤활유상태점검

④ 소음, 진동유무점검

★★ 능력단위별 수행준거 평가 문제 ★★

01 고압가스장치의 운전을 정지하고 보수할 때 주의사항 4가지를 쓰시오.

해답 ① 작업계획을 작성한다.
② 장치 내 진입 시 외부감시원을 둔다.
③ 내부가스를 방출 또는 다른 장치로 이송한다.
④ 장치 가스농도를 측정한다.
⑤ 장치에 연결된 전력 및 동력의 연결 또는 끊김을 확인한다.
⑥ 해당가스에 알맞은 보호구를 준비한다.

참고 설비 내 작업 기준 기준 농도

독성가스	TLV-TWA 기준농도 이하
가연성	폭발하한의 1/4 이하
공기 중 산소의 농도	18% 이상 22% 이하

02 고압가스 제조설비 수리를 위하여 운전 중에 조사가 필요한 항목 4가지 이상 쓰시오.

해답 ① 평소 누설의 우려가 있는 연결 이음부분을 항상 숙지한다.
② 회전기계의 구동사항에 대하여 인지한다.
③ 압력계, 온도계 등 각종 계기류의 운전 중 눈금을 숙지하여 둔다.
④ 조업조건의 변동에 대한 안전관리 계획을 수립한다.

03 독성가스 설비 점검 시 설비내부에 안전관리자가 들어가야 할 경우 안전관리사항 4가지를 쓰시오.

해답 ① 설비 내 가스를 방출시킨다.
② 잔가스를 방출시킨다.
③ 불활성가스로 치환하고 독성가스의 농도가 TLV-TWA 기준농도 이하인지 확인한다.
④ 공기로 치환하고 공기 중 산소의 농도가 18% 이상 22% 이하인지 확인한다.
⑤ 내부진입 전 외부감시원을 둔다.

04 지상 또는 지하에 설치하는 고압가스 저장탱크에 대하여 물음에 답하여라.
(1) 안전밸브 방출관의 설치 위치를 설명하여라.
(2) (1)과 같이 설치되는 이유를 설명하여라.

해답 (1) ① 지상탱크 : 지면에서 5m 이상 탱크정상부에서 2m 이상 중 높은 위치
② 지하탱크 : 지면에서 5m 이상
(2) 안전밸브 작동 시 분출되는 가스가 지상에서 폭발성 혼합가스가 형성되는 것을 방지하기 위하여

05 긴급차단장치 설치에 대하여 아래 물음에 답하시오.

(1) 설치되는 전용배관에 대하여 설명하시오.

(2) 저장탱크에 설치 시 설치위치에 대하여 설명하시오.

해답 (1) 내용적 5000L 이상의 가연성, 독성, 산소 저장탱크의 액상의 가스를 이입·이충전하는 배관

(2) 탱크내부 탱크와 원밸브 사이, 원밸브의 외측에 설치하되 원밸브와 겸용하지 않는다.

06 저압차단스위치(LPS) 작동 시 점검사항을 4가지 쓰시오.

해답 ① 흡입측 배관의 저항증대 유무
② 부하의 지나친 감소
③ 액트랩의 드레인 유무
④ 언로드장치 시 언로드 복귀 불량

07 LPG 탱크에서 누설과 동시에 화재발생 시 대책을 3가지 쓰시오.

해답 ① 즉시 송입 펌프를 중단시킨다.
② 살수장치로 탱크를 냉각시킨다.
③ 화재 진압과 동시에 근무자에게 알리는 경보기를 작동시킨다.

08 산소가스 배관에 밸브를 급격히 작동 시 발생되는 연소사고에 대하여 그 원인을 3가지 쓰시오.

해답 ① 배관 내 녹, 이물질 등이 급격히 이동 발화의 원인이 된다.
② 배관 내 유지류 존재 시 발화의 원인이 된다.
③ 산소가스가 단열 압축 시 발화의 원인이 된다.

09 고압가스 제조장치의 일상 점검사항 4가지를 쓰시오.

해답 ① 밸브·동력기계의 이음부의 누설 유무 점검
② 압축기 펌프 등의 소음 진동 발생 점검
③ 온도계, 압력계 등 계기류 점검
④ 윤활유 상태 점검

10 탱크로리에서 저장탱크로 가스를 이송 시 작업을 중단하여야 하는 경우 4가지를 쓰시오.

해답 ① 과충전 시
② 주변 화재발생 시
③ 압축기 사용 시 액압축이 발생하였을 때
④ 가스 누설이 발생하였을 때
⑤ 펌프 사용 시 베이퍼록이 발생하였을 때

11 고압가스를 제조할 때 재해발생원인을 4가지 이상 쓰시오.

> **해답** ① 가스 누설 시
> ② 설비·기기 불량 시
> ③ 검사 불량 시
> ④ 장치 조작 불량 시
> ⑤ 폭발 가스 발생 시

12 프레온가스 취급 중 눈에 침투하였을 때 응급조치 방법을 쓰시오.

> **해답** 약한 붕산수 또는 2%의 소금물로 씻어낸다.

13 고압가스 저장탱크 부근에 화재 발생 시 안전관리상 긴급조치방법과 이유를 쓰시오.

> **해답** ① 긴급조치방법 : 살수장치 및 물분무장치를 가동 탱크를 냉각시킨다.
> ② 이유 : 탱크 가열 시 액가스가 팽창되어 탱크가 파열되면 2차 폭발로 재해 확대의 우려가 있다.

14 독성가스 누설 시를 대비하여 사용되는 보호구 종류 4가지를 쓰시오.

> **해답** ① 공기 호흡기
> ② 송기식 마스크
> ③ 격리식 방독 마스크
> ④ 보호장갑 및 보호장화

15 액화가스 배관을 사용하지 않을 때 가스가 가득 차 있는 상태에서 흡입 토출 연결 배관을 닫아 두었을 때 위험성 및 그 대비책을 쓰시오.

> **해답** ① 위험성 : 액화가스는 비압축성이므로 주변 온도상승 시 액봉상태가 되어 배관 파열의 우려가 있다.
> ② 대비책 : 사용하지 않을 때 내부가스를 벤트밸브 등을 이용하여 배관내부를 비우거나 배관 중 안전밸브를 설치하여 온도 상승에 대한 압력상승에 대비하여야 한다.

16 NH_3 탱크부피가 $15m^3$일 때 충전가능 NH_3 질량(kg)은 얼마인가? 액비중 0.82이며 부피 90% 넘는 경우의 대비사항을 기술하시오.

> **해답** ① $W = 0.9dv = 0.9 \times 0.82 \times 15000 = 11070kg$
> ② 90% 이상 충전 시 경보장치가 작동되도록 되어 있다.

17 가스설비의 수리·청소를 위하여 설비 내 압력을 대기압 이하로 가스치환을 생략하는 경우에 ( )에 맞는 단어를 쓰시오.

(1) 당해 설비 내용적이 (①)m³ 이하일 것
(2) 출입구의 밸브가 확실히 폐지되어 있고 내용적 (②)m³ 이상의 가스설비에 (③)개 이상의 밸브를 설치한 경우
(3) 사람이 설비 밖에서 작업하는 경우
(4) (④)를 사용하지 않는 경우

해답 ① 1 ② 5 ③ 2 ④ 화기

18 독성가스를 1000kg 이상 운반 시 소석회를 40kg 이상 보유하고 있어야 할 대상 독성가스의 종류 4가지를 쓰시오.

해답 염소, 염화수소, 포스겐, 아황산가스

19 차량에 고정된 이동식 C_2H_2 제조장치에 꼭 필요한 장치 1가지는?

해답 제조시설의 원동기로부터 불꽃방출을 방지하는 장치

20 LP가스 용기에 수분 존재 시 영향을 기술하시오.

해답 증발잠열로 인한 부식 및 동결에 의하여 밸브 조정기가 폐쇄될 우려가 있다.

21 사용한 후의 용기는 밸브를 개방하여 두는지 폐쇄하여 두는지 말하고, 그 이유를 설명하시오.

해답 사용 후 용기의 밸브는 닫아 두어야 하며 개방 시 용기 내부 공기가 침투, 폭발성 혼합가스 형성 및 먼지·이물질 부착으로 밸브 손상의 우려가 있다.

22 폭발에 민감한 폭발성 물질을 4가지 쓰시오.

해답 아지화은, 질화수은, 은아세틸라이트, 동아세틸라이트

23 C_2H_2과 CS_2의 폭발범위를 쓰고 각각의 위험도를 계산하여라.

해답 ① C_2H_2 : 2.5~81%

위험도 $= \dfrac{81-2.5}{2.5} = 31.4$

② CS_2 : 1.2~44%

위험도 $= \dfrac{44-1.2}{1.2} = 35.67$

24 전기설비의 방폭구조란 무엇이며 방폭구조의 종류를 기호와 함께 4가지 이상 쓰시오.

해답 ① 방폭구조 : 전기기구에서 발생된 전기불꽃 등이 외부의 가연성 혼합가스와 접촉, 점화원이 되어 일으킬 수 있는 위해를 예방하기 위한 전기설비이다.
② 내압방폭구조(d), 안전증 방폭구조(e), 압력방폭구조(p), 유입방폭구조(o)

25 아래의 폭발에 관한 정의를 쓰시오.
(1) C_2H_2 등이 압축 시 일으키는 폭발
(2) 가연성 고체를 미분으로 하여 공기 중에서 부유시켜 산소와 긴밀히 접촉하여 가스체와 일
  으키는 폭발
(3) 액화가스에서 액체가 과열 시 급격히 증발하여 다량의 증기가 되어 일어나는 폭발

해답 (1) 분해폭발   (2) 분진폭발   (3) 증기폭발

26 가연성 가스의 발화점에 영향을 주는 인자 5가지를 쓰시오.

해답 ① 가연성 가스와 공기와의 혼합비
② 발화가 생기는 공간의 형태와 크기
③ 가열속도와 지속시간
④ 기벽의 재질과 촉매효과
⑤ 점화원의 종류와 에너지 투여법

27 다음은 플레어스택에 갖추어야 하는 시설의 종류이다. 무엇을 위하여 갖추어야 하는 시설인
지를 쓰시오.

• Liquid seal   • Flame arrestor   • Vapor seal   • 퍼지가스 주입   • 몰러쿨러 설치

해답 역화 및 공기혼합폭발을 방지하기 위한 시설

28 독성가스 설비 내 점검 시 일반적 안전관리사항을 4가지 이상 쓰시오.

해답 ① 설비 내 가스 방출 및 잔가스를 방출시킨다.
② 설비 내 가스 농도를 점검한다.
③ 설비 내 공기 중 산소의 농도를 점검한다.
④ 보호구 표지판을 설치하고 외부감시원을 둔다.
⑤ 설비 내를 점검한다.

참고 내부 점검 시 가스별 농도

가연성	폭발하한의 1/4 이하
독성	TLV-TWA 기준농도 이하
산소	18% 이상 22% 이하

29 벤트스택에서 가스 방출 시 아래의 농도 기준을 쓰시오.

(1) 가연성 가스

(2) 독성가스

해답 (1) 폭발하한계 미만

(2) TLV–TWA 기준농도 미만

30 산소가스를 용기에 충전 시 일반적 주의사항을 쓰시오.

해답 ① 밸브와 용기 내부의 석유류, 유지류를 제거한다.

② 용기와 밸브 사이에 가연성 패킹을 사용하지 않는다.

③ 압축기와 충전용 지관 사이에 수취기를 사용, 당해가스 중의 수분을 제거한다.

31 내진설계에 따른 제1종 독성가스의 종류 4가지를 쓰시오.

해답 염소, 시안화수소, 불소, 포스겐

32 도시가스의 총발열량이 11000kcal/m³이고 CH_4 가스에 대한 공기의 비중이 0.55일 때 WI(웨버지수)는 얼마인가?(소숫점 이하는 버린다.)

해답 $WI = \dfrac{Hg}{\sqrt{d}} = \dfrac{11000}{\sqrt{0.55}} = 14832$

33 독성가스 배관 중 이중관으로 설치하여야 하는 가스 종류를 8가지 쓰시오.

해답 아황산, 암모니아, 염소, 염화메탄, 산화에틸렌, 시안화수소, 포스겐, 황화수소

34 도시가스의 정압기 설치 시 예비정압기를 설치하여야 하는 경우 3가지를 쓰시오.

해답 ① 공동사용자에게 가스를 공급하는 경우

② 바이패스관이 설치되어 있는 경우

③ 캐비닛구조의 정압기실에 설치되어 있는 경우

35 고압가스설비의 운전을 종료한 후 점검사항을 4가지 쓰시오.

해답 ① 종료 직전 각 설비의 운전사항

② 종료 후 각 설비에 있는 잔유물의 사항

③ 개방하는 가스설비와 다른 가스설비와의 차단사항

④ 설비의 부식, 마모, 손상 등의 사항

연소기구, 화재폭발 중요 학습내용

1 화재의 종류

① A급 화재 : 목재, 종이
② B급 화재 : 유류, 가스
③ C급 화재 : 전기
④ D급 화재 : 금속

2 역화, 선화의 정의 및 발생원인

3 폭발, 폭굉의 정의

4 폭굉유도거리의 정의 및 폭굉유도거리가 짧아지는 조건

5 특수폭발 중 블레비(BLEVE)의 정의 및 방지대책

6 폭발의 종류

① 분해폭발
② 중합폭발
③ 산화폭발
④ 화합폭발(아세틸라이트폭발)

7 발화점에 영향을 주는 요인

8 안전간격

8L 구형용기 안에 폭발성 혼합가스를 채우고 화염전달여부를 측정, 화염이 전파되지 않는 한계의 틈

9 안전간격에 따른 폭발 1, 2, 3등급 및 해당가스

폭발등급	안전간격	해당가스
1등급	0.6mm 이상	메탄, 에탄, 프로판, 부탄, 암모니아
2등급	0.4mm 이상 0.6mm 미만	에틸렌, 석탄가스
3등급	0.4mm 미만	아세틸렌, 이황화탄소, 수소, 수성가스

★★ 능력단위별 수행준거 평가 문제 ★★

01 **가스연소기구가 가져야 할 구비조건을 4가지 쓰시오.**

해답 ① 가스를 완전연소 시킬 수 있을 것
② 열을 유효하게 이용할 수 있을 것
③ 취급에 간단할 것
④ 안정성이 있을 것

02 **가스연소기구에서 발생하는 역화의 원인 4가지를 쓰시오.**

해답 ① 가스공급압력이 낮을 때
② 노즐구멍이 클 때
③ 버너가 과열되어 있을 때
④ 콕의 개방이 불충분할 때

참고 역화 : 가스의 연소속도가 유출속도보다 빨라 연소기 내부에서 연소되는 현상

03 **가스연소기구에서 발생되는 리프팅(선화)의 원인 4가지를 쓰시오.**

해답 ① 가스의 공급압력이 높을 때
② 염공이 작을 때
③ 노즐구멍이 작을 때
④ 공기조절장치가 많이 개방되어 있을 때

참고 선화 : 가스의 유출속도가 연소속도보다 커 염공을 떠나 연소하는 현상

04 **아래에 설명하는 연소기에서 일어나는 현상을 쓰시오.**
(1) 불꽃주위 불꽃 기저부에 대한 공기움직임이 강해지면 불꽃이 노즐에 정착하지 않고 꺼져 버리는 현상
(2) 염의 선단이 적황색이 되어 타고 있는 현상으로 연소의 반응의 속도가 느리다는 것을 의미하며 1차 공기부족 및 주물 밑의 철가루가 원인이 되는 현상

해답 (1) 블로우오프   (2) 옐로우팁

05 **오토클래이브 종류 4가지를 쓰시오.**

해답 교반형, 진탕형, 회전형, 가스교반형

참고 오토클래이브 : 압력 상승 시 발생되는 고온을 이용하여 장치 내부의 목적물을 가열하는 고압 반응 가마솥

06 다음 화재의 종류에 해당하는 A B C D급을 분류하여 해당 색상을 쓰시오.
(1) 금속화재
(2) 유류·가스화재
(3) 전기화재

> **해답** (1) D급(무색)　(2) B급(황색)　(3) C급(청색)

> **참고** 일반화재 : A급(백색)

07 아래 설명에 적합한 연소안전장치의 명칭은?

> 불꽃이 불완전하거나 바람의 영향으로 꺼질 때 열전대가 식어 기전력을 잃고 전자밸브가 닫혀 가스의 통로를 차단, 생가스의 유출을 방지하는 장치

> **해답** 소화안전장치

08 소화안전장치의 종류 2가지를 쓰시오.

> **해답** 열전대식, 플레임로드식

09 기구에 의한 연소방법 4가지를 쓰시오.

> **해답** 분젠식, 적화식, 세미분젠식, 전1차공기식

10 화재와 폭발의 차이는 무엇으로 구분하는가?

> **해답** 에너지의 방출속도

11 공기 중 정상연소속도는 몇 [m/s]인가?

> **해답** 0.03~10m/s

12 폭굉에 대하여 물음에 답하시오.
(1) 정의를 쓰시오.
(2) 폭굉이 일어나는 속도는 몇 km/s인가?
(3) 폭굉 발생 시 파면압력은 정상의 연소보다 몇 배가 큰가?

> **해답** (1) 가스 중의 음속보다 화염전파속도가 커서 파면선단에 충격파라는 압력파가 발생, 격렬한 파괴
작용을 일으키는 원인이 된다.
> (2) 1~3.5km/s
> (3) 2배

13 BLEVE(비등액체증기폭발)의 방지대책을 3가지 쓰시오.

> **해답** ① 단열재를 사용, 외부를 보호한다.
> ② 탱크를 2중 탱크로 한다.
> ③ 위급 시 살수장치를 가동, 액화가스의 비등을 차단한다.
>
> **참고** 비등액체증기폭발 : 가연성 액화가스가 외부의 화재로 인하여 액체가 비등 팽창하면서 일으키는 폭발

14 일반적인 가스기구로 인한 화재사고유형 3가지는?

> **해답** ① 생가스 누출로 인한 화재
> ② 가스기구 사용부주의로 인한 화재
> ③ 가스기구 불량에 의한 화재

15 가정용 LP·도시가스 사용 중 폭발사고 방지책은?

> **해답** ① 사용가스가 생가스로 누출되지 않을 것
> ② 누출된 경우 창문을 개방 자연환기 시킬 것
> ③ 누출 시 전기착화원이 되는 환기팬 등을 가동하지 말 것

16 고압가스 제조·충전 시 온도 압력을 상승시켜야 하는 경우 서서히 상승하는 이유를 설명하시오.

> **해답** 장치 압력, 온도를 급격히 상승 시 장치에 충격 및 손상으로 가스 누출의 우려가 있다.

17 고압가스 용기의 파열사고 원인을 4가지 쓰시오.

> **해답** ① 과충전 시　　② 용기의 내압력 부족　　③ 타격·충격 시
> ④ 내압력의 이상 상승　⑤ 폭발성 가스 혼입

18 아래의 폭발의 종류에 따라 그 예를 1가지씩 쓰시오.

① 분해폭발	② 압력의 폭발	③ 중합폭발	④ 촉매폭발	⑤ 화학적 폭발

> **해답** ① 압력 가압 시 C_2H_2이 분해하면서 일으키는 폭발
> ② 보일러, 고압가스 용기의 폭발
> ③ HCN의 중합열에 의한 폭발
> ④ 수소·염소 결합 시 직사일광에 의한 폭발
> ⑤ 폭발성 혼합가스에 의한 폭발

19 폭굉유도거리가 짧아지는 조건을 4가지 쓰시오.

해답 ① 정상연소속도가 큰 혼합가스일수록
② 관속에 방해물이 있거나 관경이 가늘수록
③ 압력이 높을수록
④ 점화원의 에너지가 클수록

20 연소장치의 발화점에 영향을 주는 요인 5가지를 쓰시오.

해답 ① 가연성 가스와 공기의 혼합비
② 발화가 생기는 공간의 형태와 크기
③ 가열속도와 지속시간
④ 기벽의 재질과 촉매 효과
⑤ 점화원의 종류와 에너지 투여법

21 연소의 3요소는 무엇인지 쓰시오.

해답 가연물, 산소공급원, 점화원

22 폭발이 일어나는 조건에서 외부점화원의 종류를 5가지 쓰시오.

해답 전기스파크, 화염, 단열압축, 충격, 마찰

23 최소점화에너지란 무엇이며 최소점화에너지를 결정하는 요인 3가지를 쓰시오.

해답 ① 최소점화에너지 : 가스가 발화하는 데 필요한 최소한의 에너지
② 온도, 압력, 조성

24 가연성 가스 폭발범위의 정의를 쓰시오.

해답 가연성 가스가 공기와 혼합 시 차지하는 가연성 가스의 부피 %로서 최고농도를 폭발상한%, 최저농도를 폭발하한% 이라고 한다.

25 폭발범위의 측정은 무엇으로 하는가?

해답 전기불꽃

26 안전간격의 정의에 대하여 아래 빈칸을 채우시오.

> 안전간격이란 (①)L의 (②) 용기에 폭발성 혼합가스를 채우고 화염의 전달여부를 측정 이때 불꽃의 닿지 않는 한계의 (③)을 말하며 안전간격에 따른 폭발등급은 1, 2, 3등급이 있으며 1등급은 안전간격이 (④)mm 이상, 2등급은 안전간격이 (⑤)mm 이상 (⑥)mm 미만, 3등급은 안전간격이 (⑦)mm 미만의 가스이다.

해답 ① 8   ② 구형   ③ 틈   ④ 0.6   ⑤ 0.4   ⑥ 0.6   ⑦ 0.4

27 아래의 가스 중 폭발등급 3등급에 해당되는 가스를 모두 쓰시오.

> 프로판   부탄   아세틸렌   에틸렌   이황화탄소   수소

해답 아세틸렌, 이황화탄소, 수소

필답형
(주관식)

모의고사

01 상용압력이 15MPa인 어떤 고압설비에서 (1) Tp(내압시험압력) (2) 안전밸브 작동압력을 구하시오.

해답 (1) Tp = 상용압력×1.5 = 22.5MPa

(2) 안전밸브 작동압력 = Tp×$\dfrac{8}{10}$ 이므로, 22.5×$\dfrac{8}{10}$ = 18MPa

02 (　)에 해당되는 숫자 또는 단어를 쓰시오.

(1) 고압가스 제조시설에 가연성 고압설비 상호간의 거리는 (　)m, 가연성 산소 설비와의 상호간 거리는 (　)m이다.

(2) 가스설비의 내부가스 압력이 (　) 가까이 될 때까지 다른 (　) 등에 회수 후 잔류가스를 서서히 안전하게 방출한다.

(3) 자동차 연료로 사용되는 LP가스 용기는 (　) 때문에 (　) 뉘어 사용하고 충전구와 출구는 (　)로 되어 있다.

해답 (1) 5, 10　　(2) 대기압, 저장탱크　　(3) 안정성, 옆으로, 별도

03 폭굉 발생 시 파면 압력은 (1) 정상 연소의 몇 배 정도인가? (2) 폭발성 혼합가스를 구하는 공식을 쓰고 기호를 설명하시오.

해답 (1) 2배

(2) $\dfrac{100}{L} = \dfrac{V_1}{L_1} + \dfrac{V_2}{L_2} + \dfrac{V_3}{L_3}$

L : 혼합가스의 폭발범위(%)

L_1, L_2, L_3 : 각 성분의 폭발범위(%)

V_1, V_2, V_3 : 각 성분의 부피(%)

04 $COCl_2$ 가스의 (1) 제조반응식 (2) 촉매 (3) 가수분해 반응식을 쓰시오.

해답 (1) $CO + Cl_2 \rightarrow COCl_2$

(2) 활성탄

(3) $COCl_2 + H_2O \rightarrow CO_2 + 2HCl$

05 C$_3$H$_8$ 1kg 연소 시 필요공기량(kg), CO$_2$량(kg)을 계산하시오.

C$_3$H$_8$ + 5O$_2$ → 3CO$_2$ + 4H$_2$O

44kg 5×32kg 3×44kg

1kg $x$kg $y$kg

해답 (1) $x = \dfrac{1 \times 5 \times 32}{44} = 3.63$kg

공기량 $3.63 \times \dfrac{100}{23.2} = 15.646$kg = 15.65kg

(2) $y = \dfrac{1 \times 3 \times 44}{44} = 3$kg

∴ 공기량 15.67kg, CO$_2$량 3kg

06 도시가스 배관의 기밀시험에 대하여 다음 질문에 답하여라.

(1) 기밀시험의 목적은?

(2) 사용 가스 종류 2가지는?

(3) 공급시설인 경우의 기밀시험압력은?

(4) 판정방법을 1가지만 쓰시오.

해답 (1) 누설유무 측정

(2) 공기 또는 불활성 가스

(3) 최고사용압력×1.1배 또는 8.4kPa 중 높은 압력

(4) 발포액을 도포하여 거품의 발생 여부로 판단

07 도시가스 배관의 설치기준에 대하여 다음 질문에 답하여라.

(1) 공동주택 부지 안에 설치 시 깊이는?

(2) 폭 8m 이상 도로에 설치 시 매설 깊이는?

(3) 폭 4m 이상 8m 미만인 경우 매설 깊이는?

(4) 도로가 평탄한 경우 배관의 기울기는?

해답 (1) 60cm 이상

(2) 1.2m 이상

(3) 1m 이상

(4) 1/500~1/1000

08 V : 24L C₃H₈ 용기에 충전되는 (1) 질량(kg)과 (2) 그때의 부피(L)를 구하여라. (단, 액비중은 0.52이다) (3) 용기에 액상의 가스가 차지하고 남은 안전공간(%)을 구하여라.

해답 (1) $W = \dfrac{V}{C} = \dfrac{24}{2.35} = 10.2\text{kg}$

(2) $10.2\text{kg} \div 0.52(\text{kg/L}) = 19.615\text{L} = 19.62\text{L}$

(3) 안전공간(%) $= \dfrac{24-19.62}{24} \times 100 = 18.25\%$

09 가연성 액체로부터 발생한 증기가 액체 표면에서 연소범위의 하한에 도달할 수 있는 그 액체의 최저온도는 무엇인가?

해답 인화점

10 포스겐 가스의 중화액인 (1) 가성소다 수용액 (2) 소석회의 보유량(kg)을 각각 쓰시오.

해답 (1) 390kg
(2) 360kg

11 고압장치 액화가스 배관에 설치하여야 하는 밸브, 계기류를 모두 쓰시오.

해답 안전밸브, 압력계, 온도계

12 유수식 가스홀더의 특징 4가지를 쓰시오.

해답 ① 한냉 시 물의 동결방지가 필요하다.
② 구형홀더에 비해 유효가동량이 크다.
③ 제조설비가 저압인 경우 사용한다.

01 수소가스에 대한 내용이다. 물음에 답하시오.
(1) 수소폭명기의 반응식을 쓰시오.
(2) 공기 중, 산소 중 연소범위(%)를 쓰시오.
(3) 수소의 제조방법 2가지를 쓰시오.

해답 (1) $2H_2 + O_2 \rightarrow 2H_2O$
(2) ① 공기중 : 4~75% ② 산소중 : 4~94%
(3) 물의 전기분해법, 소금물 전기분해법

02 공기액화분리장치에서 여름철에는 겨울철보다 산소의 생산량이 감소하는 이유를 쓰시오.

해답 여름철에는 습도가 높아 응축기에 의해 수분이 많이 제거되며 여름에는 기온이 높아 공기의 밀도가 작아져 공기량이 감소하기 때문이다.

03 N_2 : 2mol, CO_2 : 1.5mol, O_2 : 1mol, H_2 : 0.5mol일 때 전압 P=2atm이면 분압이 0.4atm이 되는 가스는?

해답 분압 = P× $\dfrac{\text{성분몰}}{\text{전몰}}$ 이므로, $0.4 = 2 \times \dfrac{x}{2+1.5+1+0.5}$

$\therefore x = \dfrac{0.4 \times 5}{2} = 1$이므로 산소이다.

04 액화천연가스(LNG)에 대하여 물음에 답하여라.
(1) LNG의 주성분의 가스를 쓰시오.
(2) 1atm의 비등점(℃)을 쓰시오
(3) 액화 시 용적은 얼마로 축소가 되는가?
(4) LNG를 저장할 수 있는 재료 2가지 이상 쓰시오.

해답 (1) CH_4 (2) −162℃   (3) 1/600   (4) ① 18−8STS   ② 9% Ni

05 유량 10m³/min, 동력 100PS, 양정 20m 펌프의 효율은 몇 %인가?

해답 $L_{ps} = \dfrac{\gamma \cdot Q \cdot H}{75\eta}$ 에서

$\eta = \dfrac{\gamma \cdot Q \cdot H}{L_{ps} \times 75} = \dfrac{1000 \times \left(\dfrac{10}{60}\right) \times 20}{100 \times 75} = 0.44 = 44.44\%$

06 질소 10g, 수소 8g, 혼합내용적 5L, 온도 100℃인 용기의 압력(atm)을 구하시오.

> **해답** $P = \dfrac{nRT}{V} = \dfrac{\left(\dfrac{10}{28} + \dfrac{8}{2}\right) \times 0.082 \times 373}{5} = 26.65\text{atm}$

07 LPG저장탱크에 설치하는 (1) 긴급차단장치는 탱크내용적이 몇 L 이상인 탱크에 설치하여야 하는가? (2) 긴급차단장치를 조작할 수 있는 위치는 탱크로부터 몇 m 정도 떨어진 위치에 있어야 하는가?

> **해답** (1) 5000L 이상
> (2) 5m 이상

08 터보펌프 정지순서 4개를 쓰시오.

> **해답** ① 토출밸브를 닫는다. ② 모터를 정지한다. ③ 흡입밸브를 닫는다. ④ 냉각수를 뺀다.

09 C_2H_2 가스의 (1) 충전 중 압력은 얼마 이하인가? (2) 충전 후의 최고충전압력은 얼마인가?

> **해답** (1) 2.5MPa
> (2) 1.5MPa

10 LP가스의 연소 특성 4가지를 쓰시오.

> **해답** ① 연소범위가 좁다. ② 연소 시 다량의 공기가 필요하다.
> ③ 발화온도가 높다. ④ 발열량이 높다.

11 오르자트로 가스분석 시 분석 순서와 흡수액을 쓰시오.

> **해답** (1) 분석순서 : $CO_2 \rightarrow O_2 \rightarrow CO$
> (2) 흡수액
> CO_2 : KOH용액
> O_2 : 알칼리성 피로카롤용액
> CO : 암모니아성 염화제1동용액

12 정압기용 부속설비 중 안전에 관한 설비를 쓰시오.

> **해답** 안전밸브, 긴급차단장치, 압력경보설비

01 아래 도면을 보고 물음에 답하여라.

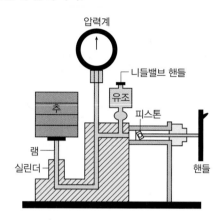

(1) 상기 계기류의 명칭은?
(2) 용도는?
(3) 절대압력(P)을 구하는 식을 쓰시오. (단, 대기압력 P_1, 추의 무게 W, 피스톤의 무게 w, 실린더 단면적 a이다)
(4) 눈금교정의 방법은?

해답 (1) 자유피스톤식 압력계
　　 (2) 2차 압력계의 눈금교정용, 실험실용

　　 (3) $P = P_1 + \dfrac{W+w}{a}$

　　 (4) 추와 피스톤의 무게로 실린더의 액체의 압력과 균형을 이루면 추와 피스톤 무게를 실린더 단면적으로 나누어 게이지 압력을 산출하여 압력계의 눈금과 비교 값을 보고 측정하여 교정한다.

02 천연가스로부터 LPG를 회수하는 방법 3가지를 쓰시오.

해답 냉각수회수법, 유회수법, 흡착법

03 신축이음의 종류 4가지를 쓰시오.

해답 벨로즈이음, 슬리브이음, 루프이음, 스위블이음

04 가스를 연소성별로 구분하고, 그 예를 각각 2가지 쓰시오.

해답 ① 가연성 가스(C_3H_8, C_4H_{10})
　　 ② 조연성 가스(O_2, 공기)
　　 ③ 불연성 가스(CO_2, N_2)

05 처리능력이란 처리감압설비에 의하여 압축액화의 방법으로 1일에 처리할 수 있는 양이다. 처리능력의 온도와 압력의 상태를 쓰시오.

> **해답** 0℃, 0Pa

06 LC₅₀의 독성가스의 정의를 쓰시오.

> **해답** 해당가스를 성숙한 흰쥐에게 대기 중 1시간 동안 계속 노출, 14일 이내 흰쥐의 1/2 이상이 죽게 되는 농도를 말한다.

07 가스홀더의 제조면, 공급면으로 ① ② ③ ④를 구분하시오.

> ① 가스 수요의 시간적 변동에 대하여 일정 제조량을 안정하게 공급, 남는 가스는 저장한다.
> ② 정전 배관공사 제조공급설비의 일시적 지장에 대하여 어느 정도 공급을 확보한다.
> ③ 조성이 변동하는 제조가스를 저장 혼합 공급가스의 열량, 성분 연소성을 균일화 한다.
> ④ 각 지구공급을 가스홀더에 의해 공급함과 동시에 배관의 수송효율을 높인다.

> **해답** · 제조면 : ① ③
> · 공급면 : ② ④

08 부식을 방지하는 방법 4가지를 쓰시오.

> **해답** ① 부식환경을 처리하는 방법
> ② 부식억제제를 첨가하는 방법
> ③ 피복에 의한 방법
> ④ 전기방식법

09 4단 압축기에서 3단 부분 안전밸브가 작동 시 점검 부분 4가지를 쓰시오.

> **해답** ① 4단 흡입토출밸브 점검
> ② 4단 바이패스밸브 점검
> ③ 4단 피스톤링 점검
> ④ 3단 냉각수 점검

10 왕복 압축기에서 중간단 압력이 저하될 때의 원인을 3가지 쓰시오.

> **해답** ① 전단 흡입 토출 밸브 불량
> ② 전단 피스톤링 불량
> ③ 전단 바이패스 밸브 불량
> ④ 중간단 냉각기 능력 과대

11 공기 중 질소가 80%일 때 NH_3 가스 100g을 생성시키기 위한 공기량은 몇 L 필요한가?

해답 $N_2 + 3H_2 \rightarrow 2NH_3$

xL : 100g

22.4L : 2×17g

$$x = \frac{22.4 \times 100}{2 \times 17} = 65.88L$$

∴ 공기량 $= 645.88 \times \dfrac{100}{80} = 82.35L$

12 아래에 해당되는 가스 명칭을 쓰시오.

(1) 기체 중에 가장 가벼우며 가연성 가스이다.

(2) 상온의 자극성 냄새가 나는 황록색의 공기보다 무거운 가스이며 독성이 강한 가스이다.

(3) 가연성 중 가장 폭발범위가 넓은 가스이다.

해답 (1) H_2

(2) Cl_2

(3) C_2H_2

01 고압가스 제조설비에서 내부압력이 갑자기 상승되는 것을 방지하기 위한 안전밸브의 종류를 3가지 쓰시오.

> **해답** 파열판식, 스프링식, 가용전식

02 대기압에서 7kg/cm²g까지 3단 압축 시의 압축비를 계산하여라.

> **해답** $a = \sqrt[3]{\dfrac{(7+1.033)}{1.033}} = 1.98$

03 가스의 검출기 중 불꽃으로 시료성분이 이온화 되어 불꽃 중에 놓여진 전구가 증대하는 것을 이용하여 시료를 분석하는 검출기의 종류를 쓰시오.

> **해답** FID(수소이온화검출기)

04 공기압축기의 압축량이 30000kg/hr이며 안전밸브 작동압력이 10MPa(g)일 때 압축기가 가동되는 탱크의 온도가 20℃이면 안전밸브 분출면적(cm²)은 얼마인가? (단, 1atm=0.1MPa이다)

> **해답** $a = \dfrac{W}{2300P\sqrt{\dfrac{M}{T}}} = \dfrac{W}{2300 \times (10+0.1) \times \sqrt{\dfrac{29}{273+20}}} = 4.10\text{cm}^2$

05 C_2H_2 가스에 대하여 (   )에 알맞은 단어나 숫자를 쓰시오.

> 아세틸렌은 무색의 기체로서 (①)와 같은 향기가 있고 (②)중 결합을 가진 불포화 탄화수소로서 3분자를 중합 시 (③)이 생성된다.

> **해답** ① 에테르   ② 3   ③ 벤젠

06 아래에 해당되는 가스를 쓰시오.

> • 독성, 가연성이다.
> • 폭발범위는 4.3~45%이다.
> • 계란 썩는 냄새가 난다.

> **해답** H_2S

07 **LPG소비설비에서 다음 질문에 답하시오.**

(1) 공기 혼합의 목적을 2가지 쓰시오.

(2) 공기 혼합 시 주의점을 설명하시오.

해답 (1) 재액화 방지, 누설 시 손실 감소, 발열량 조절
(2) 폭발범위 내에 들지 않도록 하여야 한다.

08 **아래의 반응식을 쓰시오.**

(1) C_3H_8의 연소반응식

(2) 암모니아 제법 중의 하버보시법

(3) 소금물 전기분해에 의한 염소의 제조반응식

해답 (1) $C_3H_8 + 5O_2 \rightarrow 3CO_2 + 4H_2O$
(2) $N_2 + 3H_2 \rightarrow 2NH_3$
(3) $2NaCl + 2H_2O \rightarrow 2NaOH + H_2 + Cl_2$

09 **(   )에 적당한 단어를 쓰시오.**

(1) 폭발범위의 측정은 (①)불꽃으로 점화 화염의 전달로서 측정, 이때 낮은 농도의 한계를 (②), 높은 농도의 한계를 (③)이라 한다.

(2) 안전간격이란 (①)L의 구형 용기 안에 (②)를 채우고 화염 전달 여부를 측정, 화염이 전파되지 않는 한계의 (③)을 말하며, 틈새길이는 (④)mm, 길이는 (⑤)mm 정도이다.

해답 (1) ① 전기불꽃   ② 폭발상한값   ③ 폭발하한값
(2) ① 8   ② 폭발성   ③ 틈   ④ 25   ⑤ 30

10 **플레어스택의 (1) 정의와 (2) 지표면에 미치는 복사열을 쓰시오.**

해답 (1) 고압설비에 이상 사태 발생 시 내용물을 긴급 안전하게 이송시키는 설비 중 가연성 가스를 이송, 대기로 방출 시 이 가연성과 대기와 혼합폭발성 혼합기체를 형성하지 않도록 가스를 연소시켜 방출시키는 탑
(2) 4000kcal/m²h 이하

11 **용량 5000L 액체산소탱크에 방출밸브를 개방하여 10시간 방치 시 액산이 5kg 감소하였다. 증발잠열이 50kcal/kg일 때 시간당 탱크에 침입하는 열량은 몇 kcal인가?**

해답 5kg × 50kcal/kg : 10hr
x : 1hr

$$\therefore x = \frac{5 \times 50 \times 1}{10} = 25\text{kcal/hr}$$

12 아래 (　　)에 알맞은 단어나 숫자를 쓰시오.

> 생석회에서 C_2H_2 제조 시 생석회와 (①)를 반응시켜 CaC_2가 생성, 이를 (②)에 접촉시키면 $Ca(OH)_2$와 C_2H_2이 제조된다. C_2H_2 발생기를 형식에 따라 분류 시 주수식, 투입식, (③)식이 있으며 습식아세틸렌 가스발생기의 표면온도는 (④)℃ 이하이며 최적온도는 (⑤)℃ 정도이다.

해답 ① 탄소　　② 물　　③ 침지　　④ 70　　⑤ 50~60

01 용기 A에서 용기 B로 가스를 충전 시 압력차 0.5kg/cm², 액비중 0.5인 경우 두 용기의 높이 차이는 몇 m 정도인가?

해답 $P = rH$에서,

$$H = \frac{P}{r} = \frac{0.5 \times 10^4 (\text{kg/m}^2)}{0.5 \times 10^3 (\text{kg/m}^3)} = 10\text{m}$$

02 폭굉의 정의를 쓰시오.

해답 가스 중 음속보다 화염전파속도가 큰 경우로 파면 선단에 충격파라는 압력파가 생겨 격렬한 파괴작용을 일으키는 원인

03 폭굉유도거리의 정의를 쓰시오.

해답 최초의 완만한 연소가 격렬한 폭굉으로 발전하는 거리

04 80kg을 내용적 24L의 용기에 충전 시 필요용기수를 구하여라.
(충전상수는 2.35, 액비중은 0.5이다)

해답 $W = \dfrac{V}{C} = \dfrac{24}{2.35} = 10.21\text{kg}$

$\therefore 80 \div 10.21 = 7.83 = 8$개

05 C_3H_8의 발열량이 24000kcal/m³일 때 5kg의 물을 20℃에서 100℃까지 상승시킬 경우 0.025m³의 C_3H_8을 사용하였다면 열효율은 몇 %인가?

해답 (1) 물의 상승온도에 대한 열량
$$Q = GC\Delta t = 5 \times 1 \times (100-20) = 400\text{kcal}$$
(2) 사용가스량
$$0.025\text{m}^3 \times 24000\text{kcal/m}^3 = 600\text{kcal}$$
$\therefore$ 효율 $= \dfrac{400}{600} \times 100 = 66.67\%$

06 지하에 설치되는 도시가스 정압기실 조치사항 2가지를 쓰시오.

해답 침수방지조치, 동결방지조치

07 고압가스 저압배관에 설계상 고려사항은 마찰저항으로 인한 (①)을 고려하며 같은 (②)의 관을 사용하고 온도 변화에 대비 관을 (③)로 싸주며 관로에 (④)이음을 만들어야 한다.

해답 ① 압력손실   ② 재료   ③ 단열재   ④ 신축

08 용기가 내부압력에 의한 파열을 방지하기 위하여 (①) 충전을 피하고 (②) 밸브의 정상작동 여부를 점검하며 재질의 불량이 없어야 하고 C, P, S의 함유량에 주의하여야 하며 용접용기인 경우 C의 함유량은 (③)% 이하, 무이음용기인 경우 C의 함유량은 (④)% 이하이어야 한다.

해답 ① 과잉   ② 안전   ③ 0.33   ④ 0.55

09 C_4H_{10} 100kg을 부피로 계산하면 몇 m^3인가?

해답 $58 : 22.4 = 100 : x$

$x = \dfrac{22.4 \times 100}{58} = 38.62 m^3$

10 부취설비에 대하여 다음 물음에 답하시오.
(1) 액체주입식 부취설비 3가지는?
(2) 증발식 부취설비 2가지는?
(3) THT, DMS, TBM의 냄새를 각각 쓰시오.
(4) 공기 중 혼합비율의 용량(%)은?
(5) 부취제 구비조건 2가지를 쓰시오.

해답 (1) 펌프주입방식, 적하주입방식, 미터연결바이패스방식
(2) 위크증발식, 바이패스증발식
(3) THT : 석탄가스냄새
    DMS : 마늘냄새
    TBM : 양파 썩는 냄새
(4) $\dfrac{1}{1000}$(0.1%)
(5) 경제적일 것, 화학적으로 안정할 것, 물에 녹지 않을 것

11 공기액화분리장치에서 연료공기 중 CO_2가 (①) 장치에 들어가 동결 시 밸브배관은 (②)시키며 이를 제거하는 방법으로는 (③)를 CO_2와 접촉, Na_2CO_3와 H_2O로 변화시켜야 하고 이때 발생된 H_2O는 (④)로 제거하여야 한다.

해답 ① 저온   ② 폐쇄   ③ NaOH   ④ 건조제

12 **C₂H₂ 제조 순서는 다음과 같다. 물음에 답하시오.**

| 물 | → | 발생기 | → | 냉각기 | → | 가스정정기 | → | 저압건조기 | → |

| 고압건조기 | → | 유분리기 | → | 압축기 |

(1) 공업적으로 대량 생산에 적합한 발생기는?

(2) 냉각기에서 제거되는 2가지는?

(3) 압축기 충전 중의 압력은 얼마 이하인가?

(4) 규정압력 이상으로 압축 시 첨가하는 물질 4가지를 쓰시오.

(5) 가스청정기에 포함되어 있는 물질 3가지를 쓰시오.

해답 (1) 투입식

(2) 수분, 암모니아

(3) 2.5 MPa 이하

(4) N_2, CH_4, CO, C_2H_4

(5) 카타리솔, 리가솔, 에퓨렌

참고 C_2H_2의 다공도는 75% 이상 92% 미만, 다공물질에 침윤시키는 아세톤의 비중은 0.795 이하

MEMO

2021년

기출문제

★★ 필답형 ★★

01 LNG의 주성분은 무엇인가?

> **해답** CH₄(메탄)
>
> **해설** LNG : 액화천연가스이며 주성분은 메탄이다.

02 일정온도하에 압력 100kPa, 체적 2L를 압력 200kPa로 올렸을 때의 체적은 몇 L인가?

> **해답** $P_1V_1 = P_2V_2$
>
> $$\therefore V_2 = \frac{P_1V_1}{P_2} = \frac{100 \times 2}{200} = 1L$$

03 고압가스의 충전용기는 몇 ℃ 이하로 유지하여야 하는가?

> **해답** 40℃ 이하

04 보기의 가스 중 액화가스 250kg 이상, 압축가스 50m³ 이상의 저장설비를 갖추고 사용할 때 신고를 하여야 하는 가스의 종류를 모두 쓰시오.

> 액화염소, 액화암모니아, 벤젠, 황화수소, 산화에틸렌, 산소, 수소, 염화수소, 액화염소, 이산화탄소, 포스겐

> **해답** 수소, 산소, 액화암모니아, 액화염소
>
> **해설** 1. 특정고압가스의 종류 : 수소, 산소, 액화암모니아, 아세틸렌, 액화염소, 천연가스, 압축모노실란, 압축 디보레인, 액화알진
> 2. 특정고압가스 사용신고 등
>   ① 저장능력 250kg 이상인 액화가스 저장설비를 갖추고 특정고압가스를 사용하고자 하는 자
>   ② 저장능력 50m³ 이상인 압축가스 저장설비를 갖추고 특정고압가스를 사용하고자 하는 자
>   ③ 배관(천연가스 제외)으로 특정고압가스를 공급받아 사용하고자 하는 자
>   ④ 압축모노실란, 압축디보레인, 액화알진, 포스핀, 셀렌화수소, 액화염소, 액화암모니아를 사용하려는 자
>   ⑤ 자동차 연료용으로 특정 고압가스를 공급받아 사용하려는 자

05 습도계의 종류를 2가지 이상 쓰시오.

> **해답** ① 건습구 습도계 ② 노점 습도계

06 **발화점을 설명하시오.**

> **해답** 어느 물질이 점화원 없이 스스로 연소하는 최저온도

07 **유량 1.5m³/min, 양정 30m, 효율 75%일 때 펌프의 축동력(Lkw)은 얼마인가? 공식을 이용하여 계산하여라.**

$$Lkw = \frac{\gamma QH}{102\eta}$$

> **해답** $Lkw = \frac{\gamma QH}{102\eta} = \frac{1000 \times 1.5 \times 30}{102 \times 60 \times 0.75} = 9.8kw$

08 **가스 계량기 고장의 종류에 대한 (1), (2)의 정의를 쓰시오.**
(1) 가스는 가스미터를 통과하나 눈금이 움직이지 않는 고장
(2) 가스가 가스미터를 통과하지 않는 고장

> **해답** (1) 부동   (2) 불통

09 **시퀀스 제어를 설명하시오.**

> **해답** 미리 정해놓은 순서에 따라 제어의 각 단계를 순차적으로 진행하는 제어

10 **LPG공급에서 금속배관으로부터 연소기까지의 호스길이는 몇 m 이내인가?**

> **해답** 3m 이내

11 **C₃H₈ 표준상태에서 액체 1L는 기체로 될 때 체적이 몇 배 증가하는가?(단, 액비중은 0.5kg/L 이다)**

> **해답** $1L \times 0.5(kg/L) = 0.5kg = 500g$
> $\therefore \frac{500}{44} \times 22.4 = 254.545 = 254.55L$ 254.55배
>
> **해설** C_3H_8의 분자량 : 44g

12 **거버너의 사용목적을 쓰시오.**

> **해답** ① 유출압력을 조정한다.
> ② 안정된 연소를 시킨다.
> ③ 소비하지 않을 경우 가스공급을 중단한다.

1

동영상은 무엇을 하는 영상인가?

온수시험탱크

부탄용기

부탄용기가 온수시험탱크 안에서 누설되어 기포를 발생하고 있음

해답 에어졸용기에서 가스 누출검사

해설 에어졸용기의 누설시험온도 : 46℃ 이상 50℃ 미만

2

동영상 LPG 충전소 충전기의 형식을 쓰시오.

해답 원터치형

3

동영상의 융착이음 명칭을 쓰시오.

해답 맞대기융착

4

동영상 비파괴검사방법의 장점을 3가지 쓰시오.

 ① 내부결함검출이 가능하다.
② 신뢰성이 있다.
③ 보존성이 양호하다.

 동영상은 방사선투과검사(RT)이다.

5

동영상의 가스 안전관리자가 하는 작업은 무엇인가?

 도시가스 배관의 누설검사

 RMLD(원격 메탄 레이저 검지기)

R(리모터) M(메탄) L(레이저) D(검지기) - 메탄가스만 검지한다.

6

동영상의 T/B의 설치간격은 몇 m 이내 설치되어야
하는가?

해답 500m 이내

해설 외부전원법(방식정류기)의 T/B 설치 : 500m 이내
희생양극법, 배류법의 T/B 설치 : 300m 이내

7

정압기실 지시부분의 명칭과 용도를 쓰시오.

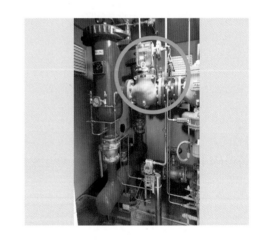

해답 (1) 명칭(ssv) : 긴급차단밸브
(2) 역할 : 정압기의 이상 발생 등 출구압력이 설정
압력보다 이상 상승시 입구측으로 유입되는 가스
를 자동차단하는 장치

8

LPG 저장소 자연 환기구의 크기는 몇 cm² 이하인가?

해답 2400cm² 이하

9

아래 가스 계량기에 대하여 물음에 답하여라.
(1) 화기와의 우회거리는 몇 m 이상인가?
(2) 전기계량기, 전기개폐기와의 이격거리는 몇 cm
이상인가?

해답 (1) 2m 이상
(2) 60cm 이상

10

다음 용기의 재검사 주기를 쓰시오.(단, 내용적
500L 미만, 제조 후 경과년수가 10년이다)

해답 3년

해설 용접용기 500L 미만 15년 미만으로 3년이다.
용기의 재검사수기

용기의 종류		신규검사 후 경과년수		
		15년 미만	15년 이상	20년 이상
		재검사주기		
용접 용기	500L 이상	5년	2년	1년
	500L 미만	3년	2년	1년
LPG 용기	500L 이상	5년	2년	1년
	500L 미만	5년		2년
무이음 용기	500L 이상	5년마다		
	500L 미만	신규검사 후 경과년수 10년 이상 : 5년 신규검사 후 경과년수 10년 초과 : 3년 마다		

11

도시가스 정압기실에 가스누설 경보장치의 설치수는?

 바닥면 둘레 20m마다 1개 이상

 도시가스가스 누설자동차단장치 검지기의 설치수를 연소기버너 중심에서 계산시
① 공기보다 가벼운 경우 : 연소기버너 중심에서 8m마다 1개 이상
② 공기보다 무거운 경우 : 연소기버너 중심에서 4m마다 1개 이상

12

동영상 LPG 충전소의 방폭구조는 위험장소 0종, 1종에는 사용되지 않는 방폭구조라고 가정 시 어떤 방폭구조가 설치가능한지 그 방폭구조의 명칭을 쓰시오.

 안전증방폭구조

위험장소구분	방폭구조의 종류
0종	본질안전
1종	본질안전, 유입, 압력, 내압
2종	본질안전, 유입, 압력, 내압, 안전증

2021년 2회

★ ★ 필답형 ★ ★

---

01 묽은 황산, 수산화나트륨에 물을 넣고 직류로 전기분해하여 수소, 산소 제조 시 양극(+), 음극 (−)에 제조되는 가스와 산소와 수소의 비율은?

> **해답** ① 양극(O_2), 음극(H_2)
> ② 산소 : 수소 = 1 : 2

---

02 액화천연가스를 영문 약자로 쓰시오.

> **해답** LNG

---

03 다단압축을 하는 이유 2가지를 쓰시오.

> **해답** ① 이용 효율이 증가된다.
> ② 힘의 평형이 좋아진다.
> ③ 가스 온도 상승을 피할 수 있다.

---

04 정압기의 3대 구성요소는?

> **해답** ① 다이어프램
> ② 스프링
> ③ 메인밸브

---

05 50L 용기의 충전 가능 질량은? (상수는 1.04이다)

> **해답** $W = \dfrac{V}{C} = \dfrac{50}{1.04} = 48.08\text{kg}$

---

06 기체(가스)를 용해할 때 온도가 (①)수록, 압력이 (②)수록 용해가 잘 된다.

> **해답** ① 낮을 ② 높을

---

07 가스용기는 화기와 (①) 이상 안전거리를 유지하고 충전용기 온도는 (②) 이하이며, 가연성가스 저장실 내에서는 (③) 손전등을 사용한다.

> **해답** ① 2m ② 40℃ ③ 휴대용 방폭형

08 0.1MPa, 25℃, 100L의 기체가 5MPa, 150℃로 변경 시 체적은?

해답 $\dfrac{P_1V_1}{T_1} = \dfrac{P_2V_2}{T_2}$

$V_2 = \dfrac{P_1V_1T_2}{T_1P_2} = \dfrac{0.1 \times 100 \times (273+150)}{(273+25) \times 5} = 2.838 = 2.84L$

09 가스차단장치의 구성요소 3가지를 쓰시오.

해답 ① 제어부
② 차단부
③ 검지부

10 (   ) 안에 적당한 기호를 쓰시오.

절대압력 = 대기압 (①) 게이지압력
= 대기압 (②) 진공압력

해답 ① + ② −

11 아래의 보기를 보고 알맞은 단어를 순서대로 쓰시오.

염소는 (압축, 액화) 가스이며 (가연성, 조연성, 불연성)가스이며 (독성, 비독성)가스이다.

해답 ① 액화 ② 조연성 ③ 독성

12 아세틸렌에 관한 설명이다. (   ) 안에 적당한 단어, 숫자를 쓰시오.
(1) 분자량 (   )
(2) 폭발범위가 (   )% 이기 때문에
(3) 구리, 은과 접촉하면 폭발성 (   )가스가 생성
(4) 카바이드와 (   ) 혼합 시 제조가 되며
(5) 흡열반응을 하므로 (   )폭발을 일으킨다.

해답 (1) 26g
(2) 2.5~81
(3) 아세틸라이트
(4) 물
(5) 분해

1

동영상의 가스차단장치에서 표시된 부분 ①, ②, ③
의 명칭을 쓰시오.

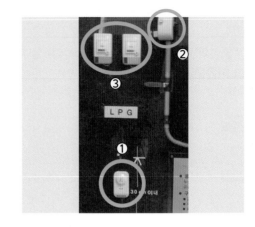

해답 ① 검지부 ② 차단부 ③ 제어부

2

아세틸렌 용기의 재질은?

해답 탄소강

3

동영상의 LPG 충전소 방폭등의 방폭구조는?

Ex e ⅡB T₄

해답 안전증 방폭구조

4

동영상의 표시 부분에 (1) 설치되어야 할 부품과 (2) 그 이유를 쓰시오.

 (1) 고무관 및 플라스틱 등의 절연물질 삽입

(2) 절연조치를 하기 위하여

 (1) 지하에 배관 설치 시 배관 외부에 전류를 방출시키지 않기 위하여 배관에 절연조인트를 설치한다. 설치장소는 ① 배관과 철근콘크리트 구조물 사이 ② 배관과 강재보호관 사이 ③ 배관과 지지물 사이 ④ 저장탱크와 배관 사이 이다.

(2) 지하배관에서 지상으로 돌출된 부분에는 전류를 방출시키지 않기 위하여 절연스페이스를 사용한다.

5

동영상의 가스용 PE배관 SDR값이 17일 때 최고사용압력은 몇 MPa 이하인가?

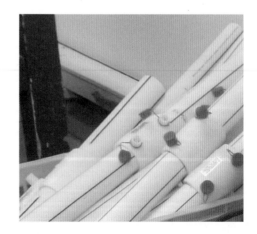

 0.25MPa 이하

6

동영상의 압축기로 이송 시 장점 3가지를 쓰시오.

 ① 충전시간이 짧다.
② 잔가스 회수가 용이하다.
③ 베이퍼록의 우려가 없다.

7

동영상의 LNG 탱크에서 보온재 사용 시 보온재의 가장 중요한 기능을 쓰시오.

 단열기능을 실시하기 위하여

8

소형 부탄 난방기의 연소형식은 무엇인가?

 분젠식

 분젠식 : 가스와 1차 공기가 혼합관에서 혼합 염공
에서 분출되면서 불꽃 주위 확산으로 2차 공기를 취
하는 연소형식으로 불꽃온도가 가장 높다.

9

정압기의 기능 3가지를 쓰시오.

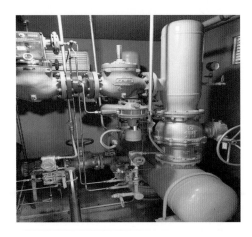

 ① 감압기능
② 정압기능
③ 폐쇄기능

10

가스계량기와 단열조치하지 않은 굴뚝과의 거리는?

해답 30cm 이상

11

저장탱크의 침하검사는 몇 년마다 하는가?

해답 1년에 1회 이상

12

동영상의 밸브 명칭을 쓰시오.

 해답 긴급차단밸브

★★ 필답형 ★★

01 N₂(질소) 가스에 대해 아래 물음에 답하시오.

(1) 공기중 부피함유율(%)은?

(2) 분자량은 몇 g 인가?

(3) 가스의 성질(연소성)로 분류 시 어떤 가스에 해당되는가?

(4) 공기액화분리장치를 이용하여 제조 시 어떤 원리로 제조가 되는가?

해답 (1) 78%
(2) 28g
(3) 불연성
(4) 비등점 차이로 액화하여 제조

02 가스의 분석방법 중 흡수분석법 종류 3가지를 쓰시오.

해답 ① 오르자트법 ② 헴펠법 ③ 게겔법

03 전기방식법 종류 2가지를 쓰시오.

해답 ① 외부전원법 ② 희생양극법 ③ 선택배류법 ④ 강제배류법

04 가스의 연소성, 호환성을 판정하는 척도 지수는?

해답 웨버지수

05 시안화수소(HCN)을 장기간 보관하면 안되는 이유를 쓰시오.

해답 장기간 보관 시 대기중 수분의 응축으로 중합폭발의 위험성이 있다.

06 펌프를 운전 중 물 온도의 증기압보다 낮아지고 물의 증발 또는 증기가 발생하는 현상은 무엇인가?

해답 캐비테이션 현상

07 고압가스 일반제조 중 C₂H₂가스, 압력이 9.8MPa 이상인 압축가스 충전 시 압축기와 당해 충전 장소에 설치해야 하는 시설물을 쓰시오.

해답 방호벽

08 동일 구경 배관 이음재 2가지를 쓰시오.

해답 ① 소켓 ② 유니언

09 내용적 3000L, 액비중 0.77인 액화가스 탱크의 저장능력(kg)을 계산하시오.

해답 W = 0.9dv = 0.9×0.77×3000 = 2079kg

10 정압기 특성 중 동특성을 설명하시오.

해답 부하 변화가 큰 곳에 사용되는 정압기에 대하여 중요한 특성으로, 부하 변동에 대한 응답의 신속성과 안정성

참고 정압기의 특성
① 정특성 : 정상상태에서 유량과 2차 압력과의 관계
② 동특성 : 부하 변동이 큰 곳에 사용되는 정압기에 대한 중요한 특성으로 부하 변동에 대한 신속성과 안정성이
③ 유량특성 : 메인밸브의 열림과 유량과의 관계
④ 사용최대차압 : 메인밸브에는 1차와 2차 압력의 차압이 작용하나 실용적으로 사용할 수 있는 범위에서의 최대차압
⑤ 작동최소차압 : 정압기가 작동할 수 있는 최소차압

11 온도 단위 2가지를 쓰시오.

해답 ℃, ℉

12 대기압력이 755mmHg, 게이지압력이 1.25kg/cm²인 경우의 절대압력은 몇 kg/cm² 인가?

해답 절대압력 = 대기압력+게이지압력
$= \frac{755}{760}×1.033+1.25$
$= 2.276$
$= 2.28kg/cm^2a$

1

동영상의 유량계에서 지시하는 부분은 무엇인가?

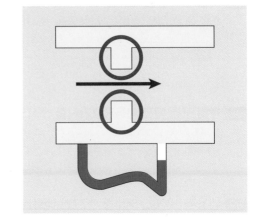

해답 조리개 기구

2

동영상의 산소 충전시설에서 지시부분의 명칭은?

해답 충전용 주관 밸브

3

동영상 기기분석기의 G/C에서 운반기체의 종류를
4가지 쓰시오.

해답 ① H_2 ② He ③ N_2 ④ Ar

4

동영상에서 보여주는 (1) 도시가스정압기실과 (2) LPG 소형저장탱크 경계책의 높이는? (단, LPG탱크의 용량은 1000kg 이상이다)

(1)

(2)

해답 (1)1.5m 이상
　　 (2) 1m 이상

5

동영상의 LPG 소형저장탱크는 충전 시 몇 % 이하로 충전해야 하는가?

해답 85% 이하

6

동영상 장치의 (1) 명칭과 (2) 기능을 쓰시오.

 해답 (1) 긴급차단장치
(2) 이상사태 발생 시 가스유동을 차단, 피해확대를
막는 장치

7

동영상 가스기기의 (1) 명칭과 (2) 기능을 쓰시오.

 해답 (1) 피그
(2) 배관 내 이물질 제거

8

도시가스 사용시설의 가스계량기와 전기접속기와의
이격거리는 얼마인가?

 해답 30cm 이상

 해설 ① LPG, 도시가스 사용시설의 배관이음부와 호스이
음부와 전기접속기, 전기점멸기와 15cm 이상 이격
② 도시가스 공급시설의 배관이음부와 사용시설의
가스계량기와 전기접속기, 전기점멸기와 30cm
이상 이격

9

동영상에서 (1) 압축기의 명칭과 (2) 장점 2가지를 쓰시오.

 (1) 왕복동식 압축기
(2) ① 잔가스 회수가 가능하다.
② 베이퍼록 현상이 없다.
③ 이송시간이 짧다.

10

동영상의 가스계량기 명칭은?

 터빈계량기

11

C_2H_2용기에 채우는 다공물질을 2가지 쓰시오.

 ① 석면 ② 규조토 ③ 산화철 ④ 탄산마그네슘
⑤ 다공성 플라스틱

12

동영상의 U볼트와 프라켓트 사이에 삽입하는 고무판
플라스틱 물질의 역할은 무엇인가?

 배관 외부로 전류를 방출시키지 않는 절연조치를 위함

★★ 필답형 ★★

01 탄소의 완전연소 반응식을 쓰시오.

> **해답** $C + O_2 \rightarrow CO_2$
> **참고** 불완전연소식
> $C + \frac{1}{2}O_2 \rightarrow CO$

02 LP가스의 입구압력 1.56MPa, 출구압력 0.07MPa로 하여 가스를 공급해주는 가스기구의 명칭을 쓰시오.

> **해답** 1단 감압식 저압조정기

03 차압식 유량계의 명칭 3가지를 쓰시오.

> **해답** 오리피스, 플로우노즐, 벤추리(벤투리)

04 비접촉식 온도계의 종류 1가지를 쓰시오.

> **해답** 광고온도계, 광전관식온도계, 색온도계, 복사(방사)온도계

05 LNG의 주요성분을 쓰시오.

> **해답** CH_4

06 총발열량을 가스비중의 제곱근으로 나눈 값은 무엇인가?

> **해답** 웨버지수

07 아세틸렌의 용제(침윤제) 1가지를 쓰시오.

> **해답** 아세톤, DMF

08 C_3H_8 1L 연소시 필요 이론 산소량은 몇 L 인가?

> **해답** $C_3H_8 + 5O_2 \rightarrow 3CO_2 + 4H_2O$
> 　1L　　5L
> ∴ 5L

09 아래 (　) 안에 적당한 단어를 쓰시오.

> 사업자 등과 법에 따른 특정고압가스 사용신고자는 그 시설 및 용기의 안전확보와 위해방지에 관한 직무를 수행하게 하기 위하여 사업개시전이나 가스의 사용전에 (①)법에 의하여 (②)를 선임하여야 한다.
> 수소, 산소, 액화암모니아, 아세틸렌, 액화염소, 천연가스, 압축모노실란, 압축디보레인, 액화알진 등 특정 고압가스를 사용하려는 자로서 일정 규모 이상의 저장능력을 가진 자는 특정고압가스를 사용하기 전에 미리 시장, 군수, 구청장에게 (③)를 하여야 한다.

〔해답〕 ① 고압가스 안전관리 ② 안전관리자 ③ 신고

10 아래에 나열된 가스의 종류를 보고 물음에 답하시오.

> 산소, 수소, 염소, 아세틸렌, 암모니아, 이산화탄소, 메탄, 아르곤

(1) 가장 밀도가 ① 낮은 가스와 ② 높은 가스의 종류를 쓰시오.
(2) 조연성가스의 종류를 쓰시오.
(3) 냉각(공기액화)장치에 의해 분류되는 가스는?
(4) 냄새로 구별이 가능한 가스는?

〔해답〕 (1) ① 수소 ② 염소
　　　 (2) 산소, 염소
　　　 (3) 산소, 아르곤
　　　 (4) 염소, 암모니아

〔해설〕 수소의 밀도 : 2g/22.4L = 0.089g/L
　　　 염소의 밀도 : 71g/22.4L = 3.17g/L

11 초저온 용기에 대하여 (　)을 채우시오.

> 초저온 용기란 섭씨 영하 (①) 도 이하 액화가스를 충전하기 위한 용기로서 단열재를 씌우거나 냉동설비로 냉각시키는 방법으로 용기내 가스의 온도가 상용의 온도를 초과하지 아니하도록 조치된 용기이며 이 용기의 열의 침투정도를 측정하는 (②) 시험방법이 적용된다.

〔해답〕 ① 50 ② 단열성능

12 연소에 필요한 3대 요소를 쓰시오.

〔해답〕 ① 가연물 ② 산소공급원 ③ 점화원

1

동영상 PE관의 융착이음 명칭을 쓰시오.

 새들융착

2

동영상의 갈색 용기에 충전되어 있는 가스의 명칭을
쓰시오.

 액체염소

3

동영상의 표시된 문구의 의미를 쓰시오.

 LPG를 제외한 액화가스를 충전하는 그 용기 및 부
속품

4

동영상은 LP가스 자동차에 LP가스를 충전하는 충전기이다. 충전호스에 부착되는 가스주입기의 형식을 쓰시오.

해답 원터치형

5

동영상의 가스미터의 명칭을 쓰시오.

해답 터빈식 가스미터

6

동영상의 에어졸 용기시험은 무엇을 검사하는 시험인가?

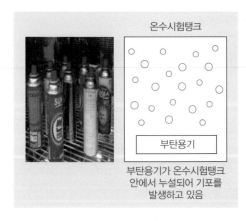

온수시험탱크

부탄용기

부탄용기가 온수시험탱크 안에서 누설되어 기포를 발생하고 있음

해답 누출검사

7

동영상에 대하여 아래 질문에 답하시오.
(1) ①, ② 조정기의 명칭을 쓰시오.
(2) ①, ②의 역할을 쓰시오.

 (1) ① 자동절체식 일체형 조정기
② 2단 감압식 2차용 조정기
(2) ① : 사용측 용기의 가스 소비 후 예비측 용기의
가스가 공급되도록 교체하여 주는 것
② : 자동교체조정기는 2단 감압식이며 1차 조
정기는 자동교체역할과 동시에 1차로 감
압 후 사용처에 맞게끔 2차로 조정해준다
(2.55~3.3KPa).

8

동영상에서 지시하는 것의 (1) 명칭과 (2) 용도를 쓰
시오

 (1) 클린카식 액면계
(2) 탱크내 액면의 높이를 측정함

9

동영상의 가스장치는 제조저장시설에서 누설 및 이
상사태 발생 시 가스의 유동을 정지함으로써 피해의
확대를 예방하는 목적으로서 작동 동력원으로는 유
압, 기압, 전기압, 스프링압 등으로 작동시키는 장치
이다. 이 장치의 명칭을 쓰시오.

 긴급차단장치

10

동영상의 (1) 용기의 명칭과 (2) 그 정의를 쓰시오.

 (1) 초저온 용기
(2) 섭씨 영하 50도 이하의 액화가스를 충전하기 위한 용기로서 단열재를 씌우거나 냉동설비로 냉각시키는 방법으로 용기 내 가스온도가 상용온도를 초과하지 아니하도록 한 것

11

동영상에 표시된 부분의 명칭을 쓰시오.

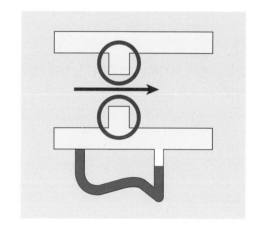

 교축(조리개)기구

12

동영상의 도시가스 지하 정압기실에서 흡입구·배기구의 관경은 몇 mm 이상인가?

 100mm 이상

MEMO

MEMO

MEMO